创意
服装
设计系列

服装与配饰

制作工艺

李 正 丛书主编

张鸣艳 陈 颖 李 正 编著

U0244191

化学工业出版社

·北京·

本书是一本讲授服装与配饰制作工艺的实用图书,共分四章,分别为服饰缝制基础知识、手缝与机缝基础工艺、配饰工艺步骤解析、服装工艺步骤解析。本书从缝纫基础知识入手,采用分步骤解析的方式,全面系统地介绍了服饰基础缝纫针法、缝型、图案的缝制、常见配饰的基本缝纫工艺以及直筒裙、女士衬衫与女士长裤的基本缝制工艺流程。

　　本书内容丰富、由浅入深、从局部到整体、图文并茂、步骤翔实、易学易懂、操作性强,有助于读者循序渐进地学习,读者亦可通过零部件的缝制图解说明,设计并制作配饰与服装。本书既可作为高等院校服装专业、服装企业与服装培训机构的教学用书,也可作为服装爱好者的入门自学用书。

图书在版编目 (CIP) 数据

服装与配饰制作工艺 / 张鸣艳,陈颖,李正编著. —北京:
化学工业出版社,2019.2
(创意服装设计系列)
ISBN 978-7-122-33406-0

Ⅰ. ①服… Ⅱ. ①张… ②陈… ③李… Ⅲ. ①服饰 –
生产工艺 Ⅳ. ① TS941.7

中国版本图书馆 CIP 数据核字（2018）第 269865 号

责任编辑：徐　娟　　　　　　　　　　　　　　　装帧设计：卢琴辉
责任校对：王素芹　　　　　　　　　　　　　　　封面设计：刘丽华

出版发行：化学工业出版社（北京市东城区青年湖南街 13 号　邮政编码 100011）
印　　装：天津图文方嘉印刷有限公司
787mm×1092mm　1/16　印张 10½　字数 250 千字　2019 年 4 月北京第 1 版第 1 次印刷

购书咨询：010-64518888　　售后服务：010-64518899
网　　址：http://www.cip.com.cn
凡购买本书,如有缺损质量问题,本社销售中心负责调换。

两句话

"优秀是一种习惯",这句话近一段时间我讲得比较多,还有一句话是"做事靠谱很重要"。这两句话我一直坚定地认为值得每位严格要求自己的人记住,还要不断地用这两句话来提醒自己。

读书与写书都是很有意义的事情,一般人写不出书稿很正常,但是不读书就有点异常了。为了组织撰写本系列书,一年前我就特别邀请了化学工业出版社的编辑老师到苏州大学艺术学院来谈书稿了。我们一起谈了出版的设想与建议,谈得很专业,大家的出版思路基本一致,于是一拍即合。我们艺术学院的领导也很重视这次的编撰工作,给予了大力支持。

本系列书以培养服装设计专业应用型人才为首要目标,从服装设计专业的角度出发,力求理论联系实际,突出实用性、可操作性和创新性。本系列书的主体内容来自苏州大学老师们的经验总结,参加撰写的有苏州大学艺术学院的老师、文正学院的老师、应用技术学院的老师,还有苏州市职业大学的老师,同时也有苏州大学几位研究生的加入。为了本系列书能按时交稿,作者们一年多来都在认认真真、兢兢业业地撰写各自负责的书稿。这些书稿也是作者们各自多年从事服装设计实践工作的总结。

本系列书能得以顺利出版在这里要特别感谢各位作者。作者们为了撰写书稿,熬过了许多通宵,也用足了寒暑假期的时间,后期又多次组织在一起校正书稿,这些我是知道的。正因为我知道这些,知道作者们对待出版书稿的严肃与认真,所以我才写了标题为"两句话"的"丛书序"。在这里我还是想说:优秀是一种习惯,读书是迈向成功的阶梯;做事靠谱很重要,靠谱是成功的基石。

本系列书的组织与作者召集工作具体是由杨妍负责的,在此表示谢意。本系列书包括《成衣设计》《服装与配饰制作工艺》《童装设计》《服装设计基础与创意》《服装商品企划实务与案例》《女装设计》《服饰美学与搭配艺术》。本系列书的主要参与人员有李正、唐甜甜、朱邦灿、周玲玉、张鸣艳、杨妍、吴彩云、徐崔春、王小萌、王巧、徐倩蓝、陈丁丁、陈颖、韩可欣、宋柳叶、王伊千、魏丽叶、王亚亚、刘若愚、李静等。

本系列书也是苏州大学艺术研究院时尚艺术研究中心的重要成果。

苏州大学艺术研究院副院长　李正

2018 年 7 月 8 日

前　言

服装制作工艺是服装爱好者、服装设计师所需具备的基础技能，它是服装款式设计与结构设计的最终体现。

本书共四章，主要介绍了常见配饰以及女裙、女衬衫与女士长裤的缝制工艺。书中添加了常见配饰的缝制工艺内容，代替了以往的服装零部件缝制工艺。本书将简单的缝制技巧运用到服饰产品制作中去，不同的缝制技巧搭配不同的服饰产品，缝制技巧与服饰产品都是从简单到复杂，并配有大量的实物照片与电脑制图，使初学者可以根据分解步骤图与文字说明来完成整件服饰作品的缝制。每个模块的学习内容都能运用到上一模块的内容，并为下一模块的学习做好铺垫。每章后面都配有思考题与练习题，可以使读者巩固章节学习内容，并做到举一反三，设计与制作出更多的作品。

本书借鉴与总结了目前国内外常用的服装制作工艺基本理论与实践的成功经验。在关于服装与配饰缝制技术性问题编写中听取了一些知名服装企业资深专业缝纫工及服装院校工艺教师的建议，使本书具有了较高的实际应用价值。

在本书编写过程中参阅了欧美与日本的一些专业书刊与相关技术标准；国内主要参考与借鉴了李正、张文斌、刘国联、刘瑞璞、童敏、朱秀丽、郑淑玲、朱小珊、胡茗、许涛等知名专家、教授的一些专业著作，从而使本书不仅具有实用价值，同时也具有了一定的学术价值。

本书由苏州市职业大学艺术学院张鸣艳老师、苏州大学艺术学院研究生陈颖以及苏州大学艺术学院李正教授编著，其中第一章与第二章由李正教授、张鸣艳老师、陈颖一起编著，第三章与第四章由张鸣艳老师编著。在本书编著过程中得到了苏州市职业大学与苏州大学艺术学院领导及部分教师的大力支持，在此表示真挚的感谢。此外，书中选取了苏州市职业大学艺术学院服装设计与工艺专业部分学生的优秀作品，在此向提供作品的同学们表示感谢。最后，特别感谢苏州大学艺术学院杨妍同学对书稿出版工作的大力支持。全书由苏州大学艺术学院李正教授统稿。

由于本书讲解的服装款式与配饰种类有限，加之编著者的时间与水平有限，书本难免有遗漏与不足之处，诚请专家读者批评指正，以便再版时加以修正。

张鸣艳

2018 年 11 月

目 录

目　录

第一章
服饰缝制基础知识

服饰是指服装及装饰品（clothing and ornament），或服装及装饰（apparel and ornament），是装饰和保护人体的物品的总称，包括服装、帽子、围巾、领带、手套、袜子、包袋等。服饰制作是服饰从设计草图到成品的最后一个环节，也是检验服饰结构设计是否合理的关键步骤。服饰制作工艺在服饰整体设计中有着重要作用，掌握服饰制作工艺的理论知识和实践操作能力是服装设计师必须具备的专业素质。

第一节　服饰缝制工具及设备

在服饰的缝制过程中，需要用到各种工具与设备，主要有制图工具、缝制工具和缝纫设备。不同的服饰缝制需要选择不同的工具与设备。本节主要介绍不同工具与设备的名称、外观形状和用途。

一、制图工具

在进行服饰制作之前，首先要进行服饰纸样绘制。常用服饰制图工具主要有以下几种。

（一）尺子

进行服饰纸样绘制时，需要用到直尺、三角尺、标准放码尺、曲线尺、多功能裁剪尺、皮尺或比例三角尺等。

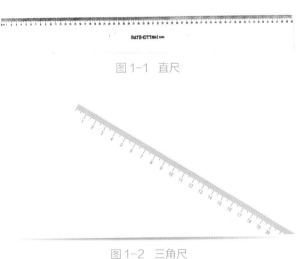

1. 直尺

服饰纸样绘制中所用直尺是材质为有机玻璃的直尺，主要用于测量长度和画直线，如图1-1所示。

图1-1　直尺

2. 三角尺

三角尺一般用于画垂直线和校正垂直线，也可以用来画短线，如图1-2所示。

图1-2　三角尺

3. 标准放码尺

标准放码尺，长18in（约46.7cm），宽2in（约5.2cm），可360°弯曲，主要用于服饰纸样绘图及纸样后期的止口添加和放码，也可用于绘制纸样的各类弧线，如图1-3所示。

图1-3 标准放码尺

4. 曲线尺

常见的多用曲线尺，最长曲线长度为56cm，用来画曲线和弧线，特别是画袖窿弧线和裤子浪线（前后片的裆弧线）等，有全方位专用曲线、23cm放码格、专用量角器、曲线测绘及等量转移、1cm曲线推档、各种扣模、两种常用对照表等，如图1-4所示。

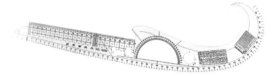

图1-4 曲线尺

5. 多功能裁剪尺

多功能裁剪尺长45cm，宽10cm，一般用来画直线、量直角、画曲线和纽扣等，有公制放码格式、专用量角器、曲线测绘及等量转移、1cm曲线推档、各种扣模、两种常用对照表等，如图1-5所示。

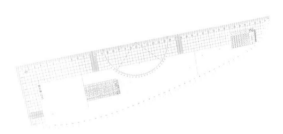

图1-5 多功能裁剪尺

6. 皮尺

皮尺以英寸和厘米为测量单位，一般皮尺长60in（约152cm），主要用于测量人体各部位净尺寸，测量轮廓和弧度大的物体，或测量纸样上的弧线等尺寸，如图1-6所示。

图1-6 皮尺

7. 比例三角尺

比例三角尺总长20.5cm，总高11cm，斜长23cm，主要用于绘制缩小比例的图形，一般附有1∶3、1∶4和1∶5三种规格，如图1-7所示。

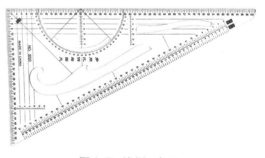

图1-7 比例三角尺

（二）纸

纸样绘制需要用到不同种类的纸，如牛皮纸、牛卡纸、水砂纸、拷贝纸、方格纸、CAD绘图纸等，如图1-8所示。

（a）牛皮纸　　　　　（b）水砂纸　　　　　（c）拷贝纸　　　　　（d）方格纸

图1-8　不同种类的纸

1. 软样板纸

软样板纸主要是牛皮纸，牛皮纸通常呈黄褐色，半漂或者全漂的牛皮纸呈淡褐色。因有韧性好、耐破度强度高、黏胶性较好、厚度稳定等性能，常被用作服饰纸样的首选纸张。

常用服饰打板的牛皮纸的克重为45g、80g、120g。克重为45g的牛皮纸具有半透明、可拷贝和描图、韧性好、可立体裁剪等优点，缺点是纸张偏薄；克重为80g的牛皮纸具有微透、韧性好、较结实等优点，缺点是不能用作拷贝和描图，纸张较硬，不能用来立体裁剪；克重为120g的牛皮纸韧性最好，可以直接做成裁剪衣服的裁片，缺点是纸张不透，不能用于拷贝、描图和立体裁剪。打板时可以根据样板需要来选择不同克重和规格的牛皮纸。

2. 硬样板纸

硬样板纸主要指有一定厚度，需要频繁使用且兼作胎具、模具的样板用纸，如克重为280g的牛卡纸，其具有无皱纹、无接头、拉力好、挺度强等特点，适合用来制作纸样的领子实样、烫袋板等。

3. 水砂纸或细砂布

水砂纸或细砂布用来修板边、打磨板型，也可用作小模板。

此外，还有拷贝纸、方格纸、CAD绘图纸等其他绘图纸。

（三）其他工具

绘制纸样除了尺子和纸外，还需用到其他工具，如擂盘、锥子、打孔机、剪口钳、剪刀等，如图1-9所示。

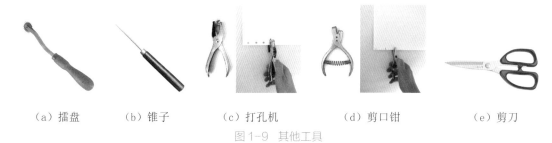

（a）擂盘　　　　（b）锥子　　　　（c）打孔机　　　　（d）剪口钳　　　　（e）剪刀

图 1-9　其他工具

1. 擂盘

擂盘又称齿轮刀、点线器，用来做复层擂印、画线定位或做板的折线。

2. 锥子

锥子用来扎眼儿定位、做标记。

3. 打孔机

常用的服饰制图打孔机为手握式打孔机，用来打孔定位、样板装订。

4. 剪口钳

剪口钳主要用来剪纸样缺口，剪口宽 2mm，用来做对位标记。

5. 剪纸剪刀

剪纸剪刀用来裁剪样板等。

除此之外，还应备有画笔、圆规、橡皮、夹子、胶带等工具。

二、缝制工具

常用缝制工具主要有以下几种。

（一）针

缝制过程中常用的针主要有三种，即手缝针、车缝针和珠针，如图 1-10 所示。

（a）手缝针　　　　　　（b）车缝针　　　　　　（c）珠针

图 1-10　针

1. 手缝针

手缝针是手缝时所使用的针，是最简单的缝制工具，不同的面料要使用对应型号的手缝针，手缝针号码越大针越细，如表 1-1 所列。

表 1-1　常用手缝针型号及用途

型号	1	2	3	4	5	6	7	8	9	10	11	长 7	长 9
直径 /mm	0.96	0.86	0.78	0.78	0.71	0.71	0.61	0.61	0.56	0.56	0.48	0.61	0.56
线	粗线		中粗线				细线				绣线		
用途	缝制较厚较硬的面料，可用来纳鞋底		缝制厚呢料，厚衣物锁扣眼、钉纽扣		缝制中等厚度的面料以及成品锁扣眼、钉纽扣		缝制薄的面料以及成品锁扣眼、钉纽扣		缝制轻薄的绸缎类面料		用于轻薄面料的刺绣或钉珠片等		

除此之外，还有一些特殊的手缝针，如超细穿珠针、毛衣缝合针、免穿针等，可根据不同的需要选择合适的手缝针。

2. 车缝针

工业缝纫机一般使用圆针，而家用缝纫机会因为机种不同使用圆针或扁针。车缝针主要有 9 号、11 号、14 号、16 号、18 号～ 21 号几种型号，针号越大针越粗，不同的面料要使用对应型号的车缝针，如表 1-2 所列。

表 1-2　常用车缝针型号与面料关系

型号	9	11	14	16	18	19	20	21
缝纫线	细线	中粗线		粗线				
面料	薄型面料（如真丝面料）	中薄型面料（如衬衫面料）	中厚型面料（如春秋外套面料）	厚型面料（如牛仔裤面料）	加厚型面料（如加棉厚面料）			

3. 珠针

珠针可以在面料裁剪时用来固定面料和样板，使其在裁剪时裁片更加精确；它可以在面料缝制的时候用来暂时固定布料，使其在缝制过程中不易脱落；它还在立体裁剪或试穿补正时使用，由于针较细，所以拔出后不易在面料上留下较大针孔痕迹。

（二）剪刀

缝制过程中常用的剪刀有裁缝剪和纱剪两种，如图 1-11 所示。

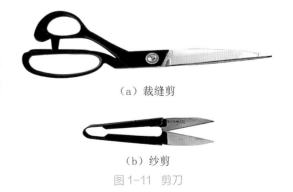

（a）裁缝剪

（b）纱剪

图 1-11　剪刀

1. 裁缝剪

裁缝剪是用来裁剪面料的剪刀，适用于布料、服装类柔软轻薄物品的裁剪，为了使剪刀口保持锋利，裁缝剪需与其他用途的剪刀分开使用，特别是不能用来剪纸张。

2. 纱剪

纱剪也叫线剪，用来剪断多余线头和缝线，剪口锋利。

（三）其他缝制工具

除了以上几种缝制工具，还有镊子、拆线器、顶针等，如图 1-12 所示。

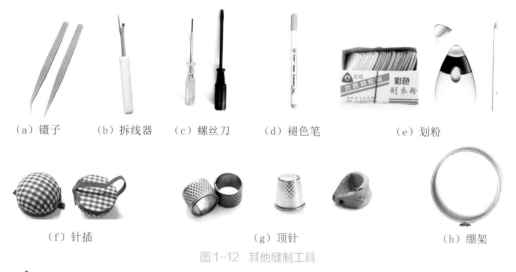

（a）镊子　　　（b）拆线器　　　（c）螺丝刀　　　（d）褪色笔　　　　　（e）划粉

（f）针插　　　　　　　（g）顶针　　　　　　　（h）绷架

图 1-12　其他缝制工具

1. 镊子

镊子分直头和弯头两种，一般为不锈钢材质，主要用于车缝时推压布料，也可用来穿线、串珠、辅助挑线、拆线、翻领子等。

2. 拆线器

拆线器主要用来快速拆除缝线。

3. 螺丝刀

缝制过程中需配备大小螺丝刀各一把。更换缝纫机压脚时使用大螺丝刀，换缝纫机针时使用小螺丝刀。

4. 褪色笔

褪色笔又称气消笔、水溶笔，主要对样板中需要标记的地方做点位记号等。

5. 划粉

划粉主要是在布料上描板型、做记号线等。它有不同种类，如划衣粉、划粉笔、人体工学心形划粉等。划粉可用湿布或直接用手拍打消去痕迹。

6. 针插

针插一般为手腕式，针包由棉布缝制而成，各种工作用针可随意插在针包上，针包底部有硬底保护，不必担心刺到皮肤，针包下方有松紧带，可直接戴在手腕上，方便工作携带。

7. 顶针

将顶针套在手指上，主要是为了在手缝时保护手指，加强手指力度从而使手缝针顶出布料。常用顶针由金属、皮革制成，有指环型和指套型两种。

8. 绷架

绷架又叫绣绷，主要材质有木制和塑料，主要用于刺绣。

三、缝纫设备

常用的缝纫设备主要有以下几种。

1. 家用缝纫机

缝纫机是用一根或多根缝纫线，在缝料上形成一种或多种线迹，使一层或多层缝料交织或缝合起来的机器。最早的家用缝纫机是台式脚踏老式缝纫机，如图1-13所示。现在市场上比较流行的是多功能电动家用缝纫机，如图1-14所示，此类缝纫机操作简单、功能齐全，能基本满足一般家用缝纫的需求。

图1-13　台式脚踏老式缝纫机

图1-14　多功能电动家用缝纫机

2. 工业缝纫机

工业缝纫机又称平车，是服装工业生产中最普遍使用的缝制设备，如图 1-15 所示。工业缝纫机使用寿命长，可用于各种面料的缝合。工业缝纫机也是大部分学校服装工艺课的缝制教学设备。

3. 包缝机

包缝机又称锁边机、拷边机，用于面料边缘包缝，如图 1-16 所示。

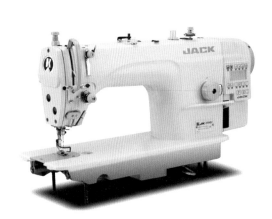

图 1-15　工业缝纫机

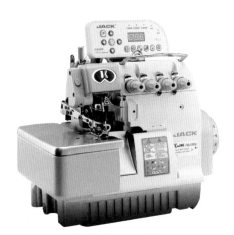

图 1-16　包缝机

4. 锁眼机

锁眼机用于服装锁扣眼，如图 1-17 所示。

5. 钉扣机

钉扣机用于钉纽扣，如图 1-18 所示。

图 1-17　锁眼机

图 1-18　钉扣机

6. 裁剪台

裁剪台用于面料、辅料的裁剪，如图1-19所示。

7. 人体模型

人体模型又称人台，主要用于服装立体裁剪、制作或试穿过程中对服装整型。常见的人台可分为试衣用人台、展示用人台以及立体裁剪专用人台，它们无论在造型特点上还是材料上都不尽相同，如图1-20所示。

适合立体裁剪操作的人台，内部的主要材料为发泡型材料，塑成人体造型后，外层以棉质或棉麻质面料包裹，颜色宜用黑色、麻白色等。人台要方便大头针刺插固定。立体裁剪专用人台以胸围尺寸为划分依据可分为两大类：净体尺寸人台和加放松量尺寸人台。加放松量尺寸人台一般比较适合批量化生产的工厂用，而净体尺寸人台适用于内衣、礼服、高级女装等服装的设计与剪裁。

图1-19 裁剪台

图1-20 人台

第二节 服饰材料

一般来说，服饰材料包括两个方面：服饰主料（面料）和服饰辅料。在构成服饰的材料中，主料外的均为辅料。具体来讲，辅料包括里料、衬料、垫料和填充材料、缝纫线、纽扣、拉链、钩环、绳带、商标、花边、号型尺码带及使用示明牌等。

服饰的款式造型需依靠服饰材料的柔软、硬挺、悬垂及厚薄轻重等特性来保证。服饰材料是服饰的基础，是人们选购服饰的重要因素。服饰材料和服饰两者之间存在着相互促进和相互制约的关系。因此，服装专业人员必须学习和正确掌握日新月异的有关服饰材料的知识。

一、服饰材料的内容

服饰材料就是构成服饰的各种原料，分为服饰面料、服饰辅料、服装服饰品配件材料三类，主要包括纤维制品、皮革制品、皮膜制品、金属制品、其他服装用品材料，如图1-21所示。

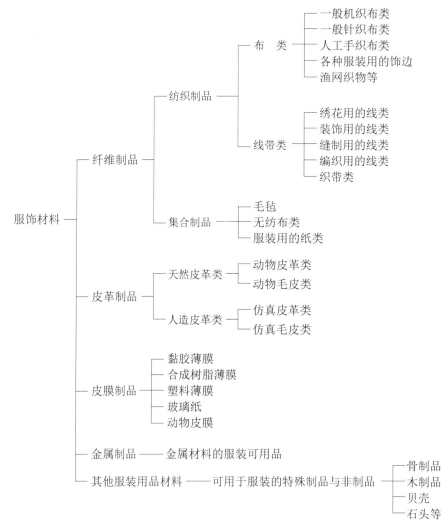

图 1-21 服饰材料内容明细

目前，新的服饰材料正在不断被开发出来，以推动服饰的发展与变革，特别是流行服装对服饰材料的要求越来越多、越来越高。例如，仿毛料、仿真丝、仿皮革等材料，不仅从视觉上要达到以假乱真，从性能上也要大大地提高它的功能性。

二、服饰材料的种类

由于科学技术的高度发展，各种纤维原料，特别是化学纤维品种繁多，也使得服饰材料市场的品种十分繁多，为服饰设计多样化提供了丰富的选择余地。所以，全面认识和掌握服饰材料的特点、风格和性能，合理地选用服饰材料，也就成了服装设计师必须具备的专业素质。

（一）服饰面料

服饰面料主要包括天然纤维织物和化学纤维织物，织物分类的方法有很多，常用的有以下几种分类方法。

1. 按组成织物的原料分类

（1）纯纺织物。纯纺织物是指织物的经纬纱线是由单一纤维的原料构成。

（2）混纺织物。混纺织物是指由两种或两种以上化学组成不同的纤维混纺成纱而织成的织物，如麻棉、毛棉、涤棉等。

（3）交织物。交织物是指织物经纱和纬纱原料不同，或者经纱和纬纱中一组为长丝纱，一组为短纤维纱，交织而成的织物，如丝毛交织物、丝棉交织物等。

2. 按组织织物的纺纱加工方式与纱线结构分类

（1）按纺纱加工方式分。棉织物可以分为普梳织物和精梳织物；毛织物可以分为精纺织物和粗纺织物。

（2）按纱线结构分。单纱织物，是指由单纱组成的织物；全线织物，是指由股线织成的织物；半线织物，是指由单纱和股线交织而成的织物；花式线织物，是指由各种花式线织成的织物；长丝织物，是指以天然长丝或化纤丝所织成的织物。

3. 按形成织物加工的方法分类

按形成织物加工的方法可将织物分为机织物、针织物、编结物、非织造织物四大类。

4. 按印染加工和整理方式分类

（1）原色布。原色布主要指未进行印染加工的本色布。

（2）漂白织物。漂白织物是以白坯布经炼漂加工后所获得的织物，如漂白棉布、漂白麻布等。

（3）染色织物。染色织物是指以坯布进行匹染加工的织物。

（4）色织物。色织物是指纱线染色后而织成的各种条、格及小提花的棉及棉混纺织物。

（5）印花织物。印花织物是指以白坯布经过炼漂加工后进行印花而获得的花色图案织物。

（6）其他新型织物。现代科技快速发展，新型的织物在现代科技手段下层出不穷，如轧花、烫花、发泡起花等。

（二）服饰辅料

服饰辅料是指在制作服饰时，所用的服饰主料以外的其他一切材料。服饰辅料对服饰的整体效果起着不可缺少的作用，也就是说制作服饰不能没有辅料。设计师在设计服饰时必须考虑服饰的整体，对于服饰的辅料使用一定要熟悉，并且要了解各种辅料的性能和使用后的效果，这也是对服装设计师专业素质的要求。

1.服饰辅料的分类

服饰辅料的分类主要有以下几种，如图 1-22 所示。

2.服饰辅料的组成

服饰辅料的组成如图 1-23 所示。

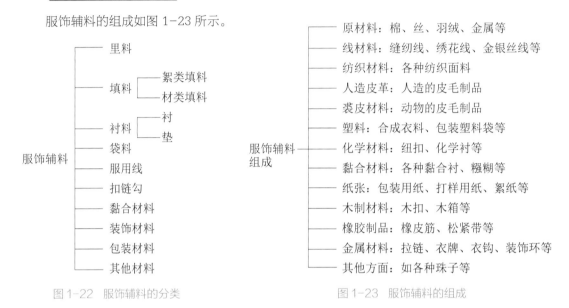

图 1-22 服饰辅料的分类

图 1-23 服饰辅料的组成

3.服饰里料

服饰里料是服饰里层的材料，通常指里子或夹里。

（1）里料的作用。里料具有保护面料、进一步装饰、衬托服饰造型、保暖和可使服装穿脱方便的作用。

（2）里料的分类。里料可根据工艺分类，如表1-3所示；根据材料分类，如表1-4所示。

表 1-3 服饰里料根据工艺的分类

序号	名称	概念
1	活里子	是指里子经过加工后，里子与面子可以脱卸开，拆洗较方便
2	死里子	是指里子与面子缝合在一起，不能脱卸开。死里子的制作工艺一般较活里子简单
3	半衬	是指在经常摩擦处，采用局部配里子的方法，一般较适合中低档面料的服装
4	全衬	是指整件衣服全部配衬里

表 1-4 服饰里料根据材料的分类

序号	名称	内容
1	天然纤维	一般有真丝电力纺、真丝斜纹绸、棉府绸等
2	人造纤维	一般有纯黏胶丝的美丽绸、黏胶丝与棉纤维交织的羽纱、棉纬绫、棉线绫、富春纺等
3	合成纤维	一般有尼龙纺（尼龙绸）、涤丝绸等

4. 服饰填料

服饰填料如图 1-24 所示。

5. 服饰衬料

服饰衬料是指衬在衣领、袖克夫、袋盖、腰头、过面等部位的一层衬布，通常是附在服饰里的某一部分的布。

（1）衬料的要求。服饰款式不同，对衬料的要求也不同。衬料不但要硬、挺、平、富有弹性，而且还要具有良好的物理化学性能，即要具有色牢度好、吸湿性好、通透性好、比较能耐高温等性能。

（2）服饰衬料的分类。服饰衬料的具体分类如图 1-25 所示。

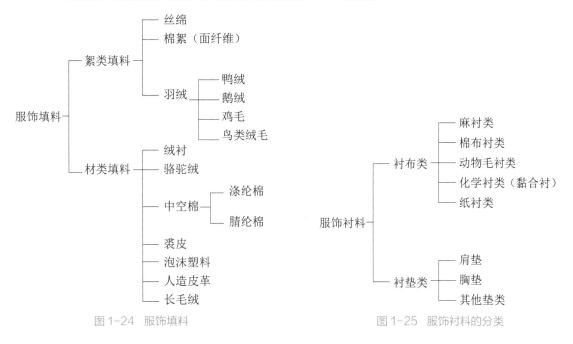

图 1-24 服饰填料　　　　　　　　　　　图 1-25 服饰衬料的分类

6. 纺织品缩水率

纺织品缩水率如表 1-5 所示。

表 1-5 纺织品缩水率参考

品名	缩水率 /%		品名	缩水率 /%	
	经向	纬向		经向	纬向
平纹棉布	3	3	人造哔叽	8～10	2
花平布	3.5	3	棉／维混纺	2.5	2
斜纹布	4	2	涤／腈混纺	1	1

续表

品名	缩水率 /%		品名	缩水率 /%	
	经向	纬向		经向	纬向
府绸	4	1	棉 / 丙纶混纺	3	3
涤棉	2	2	泡泡纱	4	9
哔叽	3 ～ 4	2	制服呢	1.5 ～ 2	0.5
毛华达呢	1.2	0.5	海军呢	1.5 ～ 2	0.5
劳动布	10	8	大衣呢	2 ～ 3	0.5
混纺华达呢	1.5	0.7	毛凡尔丁	2	1
灯芯绒	3 ～ 6	2	毛哔叽	1.2	0.5
毛华呢	1.2	0.5	人造棉	8 ～ 10	2
毛涤华呢	1.2	0.5	人造丝	8 ～ 10	2

三、服饰材料的选用

材料是服饰的三要素之一，它对服饰造型、服饰机能都有着最直接的影响，所以在设计服饰时一定要注意对服饰材料的选择。

材料是色彩的载体，它的风格以及它在性能、技术上的突破会对服饰产生前所未有的影响，也可以说是革命性的进展。尤其是现代科技在面料中的运用，为面料提供了崭新的外观和新型的功能，这必然为服饰设计增添丰富的设计语言。

（一）服饰材料的选用依据及原则

1. 根据服饰的目的要求选用

（1）保健卫生目的的服装，如夏装、内衣、睡衣等。此类服装由于需要贴身穿着，必须考虑保健卫生的目的，因此需要选择透气性佳、吸湿性佳、舒适感佳的天然纤维材料，如棉、丝绸等。

（2）生活活动目的的服装，如冬装、雨衣、工作服、运动服等。此类服装由于需要考虑生活活动穿着，因此需要根据不同的活动需求来选择服饰材料，如冬装需考虑外出穿着保暖性，宜选用保暖性佳、防风性强的面料；雨衣宜选用防水性佳的化学纤维织物；运动服需选用耐磨性强的面料。

（3）道德礼仪目的的服装，如社交服、晚礼服、婚礼服等。此类服装一般用于社交场合穿着，如晚会、宴会等，所穿的服装要符合道德礼仪，礼服可选用垂坠感佳、光泽感佳的面料。

（4）标识类别目的的服装，如职业服、团体服、各类制服等。穿着此类服装一般是为了识别穿着者身份、职业等，如职业白领穿着的西服，宜选用不易起皱、挺括、高档的毛纤维织物，不宜选用化纤、人造丝、粗斜纹等面料。

（5）装饰目的的服装，如装饰服、休闲服等。此类服装装饰性较强，宜选用色彩较鲜艳的面料、印花面料。

（6）扮装拟态目的的服装，如舞台服、戏装等。穿着此类服装为了满足穿着者塑造形象的需求，舞台服一般需根据其人物形象和舞台需要来选材，宜选用化纤、人造丝、人造毛等面料，也可选用真丝、棉麻等面料。

（7）实用目的的佩饰，如包袋、手帕、鞋袜等。此类配饰主要为了满足穿戴实用性的需求，包袋宜选用耐磨性强的面料，手帕宜选用吸湿性佳、舒适感佳的棉织物等。

（8）装饰目的的佩饰，如发饰、耳饰、项饰等。此类配饰主要为了满足穿戴装饰性的需求，布艺类发饰、耳饰、项链等宜选用色彩鲜艳的化纤类或棉织物。

2. 根据服饰的心理和生理的需求选用

（1）儿童服饰。此类服饰需考虑儿童活泼可爱的性格，以及穿着舒适感，因此宜选用色彩相对明快、舒适感佳的天然纤维织物，如棉织物。

（2）男、女青年服饰。青年个性鲜明、青春活泼，此类服饰宜以棉织物为主，可适当选用化学纤维织物。

（3）男、女成人服饰。此类服饰主要考虑成人的职业身份的需求，宜选用中高档的面料，如丝织物、毛织物。

（4）老年服饰。此类服饰主要考虑老年人穿着舒适需求，宜选用天然纤维织物。

3. 根据服饰消费等级的选用

（1）高档服饰。此类服饰主要选用真丝织物、毛织物等高档面料，也可选用一些新型材料，如牛奶丝、天丝、竹纤维等再生纤维材料。

（2）中高档服饰。此类服饰主要选用中高档棉织物、混纺织物等。

（3）中档服饰。此类服饰一般选用中档棉织物、混纺织物等。

（4）中低档服饰。此类服饰一般选用中低档棉织物、化纤织物。

（5）低档服饰。此类服饰一般选用低档化纤面料。

（二）各类服饰对选材的基本要求

1. 礼服及其配饰

（1）穿着和佩戴的目的：主要是出于礼仪的、环境气氛的需要。

（2）设计时要考虑的主要因素：遵守社会公德、注意民俗习惯、了解文化背景。

（3）对材料的基本要求：符合礼节，显示品格或表示敬意；显示端庄、高雅或雍容华贵，具有魅力。故要求采用高档材料，一般以素色为主，根据场合的不同可考虑有闪烁的灯光特殊效果，如光泽感佳、悬垂性佳的丝织物面料。

2. 生活装及其配饰

（1）穿着和佩戴的目的：生活的需要，要求装饰美观或舒适方便。

（2）设计时要考虑的主要因素：符合流行潮流，与时俱进。

（3）对材料的基本要求：外出服饰选用的材料要体现个性、艺术修养，要使服饰与穿着者的内在气质协调统一，居家服饰则要求舒适方便、实用；对材料要求广泛而多样，可选择舒适感佳的棉织物、丝织物，也可选择耐磨性强、抗静电性佳等多种性能的混纺织物等。

3. 职业服及其配饰

（1）穿着和佩戴的目的：需要有标志性和统一性，要体现团队的风貌。

（2）设计时要考虑的主要因素：注重功能性与统一性。

（3）对材料的基本要求：显示职业特点、职务、身份、任务和行为，如警察制服要求威严，宜选用挺括、深色面料；学生服则要求简朴、活泼，宜选用舒适感佳、色彩较明快的面料。材料的档次根据职业而定。

4. 运动服及其配饰

（1）穿着和佩戴的目的：便于活动、舒适。

（2）设计时要考虑的主要因素：注重功能性及标识性。

（3）对材料的基本要求：剧烈的活动要求服饰材料具有足够的弹性，并能吸汗、散热、透气，色彩要求鲜艳，因此宜选用拉伸性佳、吸湿性佳、透气性佳且易染色的面料；泳装还应注意救生功能等。

5. 劳保服及其配饰

（1）穿着和佩戴的目的：安全防护。

（2）设计时要考虑的主要因素：符合劳保防护要求。

（3）对材料的基本要求：根据操作环境特点选择功能性材料，以达到护体安全的目的，宜选用防风性佳、透气性佳、保暖性佳的面料。

6. 舞台服及其配饰

（1）穿着和佩戴的目的：扮演、拟态、表演、展示、引导等。

（2）设计时要考虑的主要因素：符合剧情与角色性、符合艺术表演的策划目的。

（3）对材料的基本要求：注意在舞台和灯光下的效果，材料花色及配件有夸张性，并符合角色及剧情的特殊性，宜选用光泽感较好、易染色的面料，也可选用一些特殊材料，如亮片、烫金布、纱等。

7. 老年及婴幼儿服饰

（1）穿着和佩戴的目的：舒适并有趣味性。

（2）设计时要考虑的主要因素：强调实用性，注重趣味效果。

（3）对材料的基本要求：老年人服饰要求轻便舒适，宜选用吸湿性佳、透气性佳的面料；儿童服饰在选材时注意趣味性和防火等要求；婴幼儿服饰则要求柔软和吸湿、耐洗性要好，宜选用舒适感佳、吸湿透气性佳、色彩柔和的面料。

8. 内衣

（1）穿着的目的：卫生、保暖、装饰和矫形。

（2）设计时要考虑的主要因素：卫生、装饰、矫形。

（3）对材料的基本要求：要求吸湿、透气、易洗涤，宜选用吸湿性佳、透气性佳、抗菌性能佳的面料；而用作装饰、矫形的衬裙和束裤等，则要求与外衣配套及符合体形需要。

第三节　名词术语

本书中使用的名词术语，部分摘录自《服装术语》（GB/T 15557—2008）中有关服装制图及缝制工艺的术语和符号，并根据近年来服装工业的发展所出现的一些新的术语作部分增补。

本节主要介绍常用服饰结构制图符号、常用服饰概念术语和常用服饰缝制术语三部分内容。

一、常用服饰结构制图符号

制图符号是在进行工程制图时，为了使设计的工程图纸标准、规范、便于识别，避免识图差错而统一使用的标记形象，见表1-6。

表1-6　常用服饰结构制图符号

序号	符号形式	名称	说明
1	⌐	直角	在绘图时用来表示90°的标记
2	——	细实线	在绘制结构图时用来表示基础线和辅助线
3	——	粗实线	在绘制结构图时用来表示轮廓线和结构线
4	⌒⌒	等分记号	表示线的同等距离，虚线内的直线长度相同
5	—·—·—	点划线	表示裁片连折不可裁开
6	—··—··—	双点划线	表示裁片的折边部位
7	——————	虚线	表示不可视轮廓线或辅助线、缉明线等

序号	符号形式	名称	说明
8	⊢─→┤	距离线	表示服装某部位的长度
9	↕	经向符号	表示服装材料织纹纹路的经向标记
10	──→	顺向符号	表示服装材料表面毛绒是顺向，箭头的指向与毛绒顺向相同
11	▭	正面	表示服装材料的正面标记
12	⊠	反面	表示服装材料的反面标记
13	┼┼	对格	服装的裁片注意对准格子或其他图案的准确连接标记
14	⌇⌇	省略	省略裁片等部位的标记，多用于长度较长而结构制图安排有困难的部分
15	✕	否定	制图中不正确的地方用此标记
16	∿∿	缩缝	表示服装裁片的局部需要用缝线抽缩的标记
17	⊢──┤	扣眼位	表示服装裁片扣眼的定位
18	⫝̸	交叉线	在制图中表示有共用的部分
19	⫿⫿	单折	表示服装裁片需要打折的部分，单折又分为左单折和右单折
20	⫿⫿	阴对折	表示服装裁片上需要缝制阴对折的部分
21	⊔⊔	双阴对折	表示服装裁片上需要缝制双阴对折的部分
22	⋀	阳对折	表示服装裁片上需要缝制阳对折的部分
23	⟳	合并	表示服装纸样上或裁片上需要对准拼接的部分
24	⫼	打褶	表示服装裁片上需要打褶的部分
25	◊▽	省道	表示服装裁片等部位需要缝制省道的标记
26	⋁⋁⋁	相等	服装制图中表示线的长度相同，同样符号线的长度相等
27	▨	罗纹	表示服装裁片需要缝制罗纹的部位
28	⟍	净样	表示服装裁片是净尺寸，不包括缝份
29	⫢	毛样	表示服装裁片是毛尺寸，包括缝份在内
30	┿	对条	表示服装裁片注意对准条纹的标记
31	⌒	归拢	表示服装裁片某部位需要熨烫归拢的标记
32	△	拔开	表示服装裁片某部位需要熨烫拔开的标记
33	⊙	钻眼	表示服装裁片某部位定位的标记
34	⟲	引出线	在制图过程中将图中某部位引出图外的标记
35	⁓⁓⁓	明线	表示服装裁片某部位需要缉明线的标记
36	⊗	纽位	表示服装上钉纽扣的位置

二、常用服饰专业名词术语

服饰专业术语是服装行业中不可缺少的专业语言，服饰的每一个裁片、部件、画线等都有自己的名称。我国目前各地服装界使用的服装用语大致有三种来源：第一种是民间服装界的一些俗称，如领子、袖子、劈势、翘势等；第二种是外来语，主要是来自英语和日语的译音，如克夫、塔克、育克等；第三种是其他工程技术用语的移植，如轮廓线、结构线、结构图等。

常用服饰专业名词术语如表 1-7 所列。

表 1-7　常用服饰专业名词术语

序号	名称	解释
1	搭门	也叫叠门，指上衣前身开襟处两片叠在一起的部分。钉纽扣的一边称为里襟，另一边称为门襟
2	撇门	也叫劈胸、劈门，指上衣前片领口处搭门需要撇去的多余部分
3	撇势	也叫劈势，指裁剪线与基本线的距离，即将多余的边角撇去
4	翘势	也叫起翘，指服装裁片的底边、袖口、袖窿、裤腰等与基本线（横向）的距离
5	窝势	指服装裁片上结构线朝里弯曲的走势
6	胖势	亦称凸势，指服装应凸出的部分胖出，使之圆润、饱满，如上衣的胸部、裤子的臀部等，都需要有适当的胖势
7	胁势	亦称吸势、凹势，指服装应凹进的部分吸进，如西装上衣腰围处、裤子后裆以下的大腿根部位等，都需要有适当的胁势
8	吃势	亦称层势，吃指缝合时使衣片缩短，吃势指缩短的程度
9	止口	指上衣前门襟的边沿线
10	挂面	也叫过面，指上衣门、里襟反面的比门襟宽的贴边
11	覆肩	也叫过肩，指覆在男式衬衫（或其他的服装款式）肩上的双层布料
12	缝份	也叫作份、缝头，指布边线与缝制线之间的距离
13	驳头	门、里襟上部随领子一起向外翻折的部位
14	驳口	驳头里侧与衣领翻折部位的总称
15	摆缝	指缝合前后衣身的缝子
16	省道	为适合人体的需要或服装造型的需要，在服装的裁片上有规律地将一部分衣料（省去）缝去，做出衣片的曲面状态，被缝去的部分就是服装省道
17	裥	为适合体形及服装造型的需要，而将一部分衣料折叠缝制或熨烫而成，由裥面和裥底组成。按折叠的方式不同可以分为：左右相对折叠，两边呈活口状态的阳裥；左右相对折叠，中间呈活口状态的阴裥；向同一方向折叠的为顺裥
18	褶	为适合人体的需要或服装造型的需要，在服装的裁片上将部分衣料缩缝而成的褶皱
19	衩	为了服装的穿脱行走方便或服装造型的需要而设置的一种开口形式。位于不同的部位有不同的名称，如位于袖口部位的开衩称为袖开衩
20	塔克	将衣料折成连口后缉成的细缝，起装饰作用。来源于英文 tuck 的译音
21	开刀	也叫分割，指将面料裁剪开后又缝合。常见的有"丁"字分割、弧线分割、直线分割等
22	克夫	缝于袖口处的部件，来源于英文 cuff 的译音

续表

序号	名称	解释
23	爬领	指外领没有盖住领脚的现象
24	平驳领	指一般西装领，驳头稍向下倾斜，领角一般小于驳角
25	枪驳领	西装领的一种，驳头尖角向上翘，驳角与领角基本并拢
26	对刀	指眼刀记号与眼刀相对，或者眼刀与缝子相对
27	裆弧线	也叫浪线，指裤子的前、后裆弧线。裤子的前裆弧线又叫前浪线，后裆弧线又叫后浪线。一般后裆弧线比前裆弧线略长
28	育克	指前衣片胸部拼接的部分，源于英文 yoke 的译音
29	覆势	指后衣片背部拼接的部分，一般与育克通用
30	登闩	也叫登边，指夹克下边沿边的镶边部分
31	里外匀	亦称里外容，指由于部件或部位的外层松、里层紧而形成的窝服形态，其缝制加工的过程称为里外匀工艺，如勾缝袋盖、驳头、领等部件，都需要里外匀工艺
32	起壳	指面料与衬料不贴合，出现剥离、起泡现象，即里外层不相融
33	极光	熨烫时裁片或成衣下面的垫布太硬或无垫布盖烫而产生的亮光
34	绱	亦称装，指部件安装在主件上的缝合过程，如绱领、绱袖、绱腰头，安装辅件也称为绱或装，如绱拉链、绱松紧带等

三、常用服饰缝制术语

常用服饰缝制术语见表1-8。

表1-8 常用服饰缝制术语

序号	名称	解释
1	烫原料	熨烫原料折皱
2	钻眼	用裁剪工具在裁片上做缝制标记，应做在可缝去的部位上，以免影响产品美观
3	打粉印	用划粉在裁片上做缝制标记，一般作为暂时标记
4	编号	将裁好的各种衣片按顺序编上号码，同一件衣服上的号码应一样
5	验片	检查裁片质量和数量
6	撇片	按标准样板修剪毛坯裁片
7	打线丁	用白棉纱线在裁片上做缝制标记，一般用于毛呢服装上的缝制标记
8	剪省缝	将毛呢服装上因缝制后的厚度影响衣服外观的省缝剪开
9	环缝	将毛呢服装剪开的省缝，用纱线按环形针法绕缝，以防纱线脱散
10	缉省缝	将省缝折合用机器缉缝
11	烫省缝	将省缝坐倒或分开熨烫
12	推门	将平面衣片经归拔等工艺手段烫成立体形态的衣片
13	烫衬	熨烫衬料，使之与面料相吻合
14	缉衬	机缉前衣身衬布
15	覆衬	将前衣片覆在胸衬上，使衣片与衬布贴合一致，且衣片布纹处于平衡状态

续表

序号	名称	解释
16	纳驳头	亦称扎驳头，用手工或机器扎
17	分烫领串口	将领串口缉缝分开熨烫
18	敷牵条	将牵条布敷在止口或驳口部位
19	缉袋嵌线	将嵌料缉在开袋口线两侧
20	开袋口	将已缉嵌线的袋口中间部分剪开
21	封袋口	袋口两头机缉倒回针封口
22	敷挂面	将挂面覆在前衣片止口部位
23	合止口	将衣片和挂面在门襟止口处机缉缝合
24	修剔止口	将缉好的止口毛边剪窄。一般有修双边与单修一边两种方法
25	扳止口	将止口毛边与前身衬布用斜形手工针迹扳牢
26	扎止口	在翻出的止口上，手工或机扎一道临时固定线
27	合背缝	将背缝机缉缝合
28	归拔后背	将平面的后衣片按体形归烫成立体衣片
29	扣烫底边	将底边折光或折转熨烫
30	装垫肩	将垫肩装在袖窿肩头部位
31	倒扎领窝	沿领窝用倒钩针法缝扎
32	合领衬	在领衬拼缝处机缉缝合
33	拼领里	在领里拼缝处机缉缝合
34	归拔领里	将覆上衬布的领里归拔熨烫成符合人体颈部的形态
35	归拔领面	将领面归拔熨烫成符合人体颈部的形态
36	覆领面	将领面覆上领里，使领面、领里复合一致，领角处的领面要宽松些
37	绱领子	将领子缝装在领窝处，领子要稍宽松些
38	分熨上领缝	将绱领缉缝分开，熨烫后修剪
39	分熨领串口	将领串口缉缝分开熨烫
40	叠领串口	将领串口缝与绱领缝扎牢，注意使串口缝保持齐直
41	包领面	将西装、大衣领面外口包转，用三角针与领里绷牢
42	归拔偏袖	偏袖部位归拔熨烫成人体手臂的弯曲形态
43	缲袖衩	将袖衩边与袖口贴边缲牢固定
44	扎袖里缝	将袖子面、里缉缝对齐扎牢
45	收袖山	抽缩袖山上手工线迹或机缝线迹，抽缩的程度以袖中线两端为多
46	滚袖窿	用滚条将袖窿毛边包光，增加袖窿的牢度和挺度
47	扎暗门襟	暗门襟扣眼之间用暗针缝牢
48	画眼位	按衣服长度和造型要求画准扣眼位置
49	滚扣眼	用滚扣眼的布料把扣眼毛边包光

序号	名称	解释
50	锁扣眼	将扣眼用粗丝线锁光
51	滚挂面	挂面、里口毛边用滚条包光，滚边宽度一般为0.4cm左右
52	做袋片	将袋片毛边扣转，缲上里布做光
53	翻小襻	小襻的面、里缝合后将正面翻出
54	绱袖襻	将袖襻装上袖口以上部位
55	坐烫里子缝	将里布绱缝坐倒熨烫
56	缲袖窿	将袖窿里布固定于袖窿上，然后将袖子里布固定于袖窿里布上
57	缲底边	将底边与大身缲牢，有明缲和暗缲两种方法
58	绱帽檐	将帽檐绱在帽前面的止口部位上
59	绱帽	将帽子装在领窝上
60	热缩领面	将领面进行放缩熨烫
61	粘翻领	领衬与领面的三边沿口用糨糊黏合
62	压领角	上领翻出后，将领角进行热定形
63	夹翻领	将翻领夹进领底面、里布内机绱缝合
64	镶边	用镶边料按一定宽度和形状安装在衣片边沿上
65	镶嵌线	用嵌线料镶在衣片上
66	绱明线	机绱或手工绱缝服装表面线迹
67	绱袖衩条	将袖衩条装在袖衩位上
68	封袖衩	在袖衩上端的里侧机绱封牢
69	绱拉链	将拉链装在门襟侧缝等部位
70	绱松紧带	将松紧带装在袖口底边等部位
71	点纽位	用铅笔或画粉点准纽扣位置
72	钉纽	将纽扣钉在纽位上
73	缲纽襻	将纽襻边折光缲缝
74	盘花纽	用缲好的纽襻条，按一定花形盘成各式纽扣
75	钉纽襻	将纽襻钉在门里襟纽位上
76	打套结	开衩口用手工或机器打套结
77	翻门襻	门襻绱好将正面翻出
78	绱门襻	将门襻安装在衣片门襟上
79	绱里襟	将里襟安装在衣片里襟上
80	拔裆	将平面裤片拔烫成符合人体臀部下肢形态的立体裤片
81	绱腰头	将腰头安装在裤腰上
82	绱串带襻	将串带襻装在腰头上
83	封小裆	将小裆开口机绱或手工封口，增加前门襟开口的牢度

序号	名称	解释
84	钩后裆缝	在后裆缝弯处，用粗线作倒钩针缝，增加后裆缝的穿着牢度
85	扣烫裤底	将裤底外口毛边折转熨烫
86	绱大裤底	将裤底装在后裆十字缝上
87	扣烫脚口贴边	将裤脚口贴边扣转烫
88	绱贴脚条	将贴脚条装在裤脚口里侧边沿
89	抽碎褶	用缝线抽缩成不定形的细褶
90	叠顺裥	缝叠成同一方向的折裥
91	包缝	用包缝线迹或用缝道将布边固定，使纱线不易脱散
92	针迹	缝针刺穿缝料时，在缝料上形成的针眼
93	线迹	缝制物上两个相邻针眼之间的缝线迹
94	缝迹	相互连接的线迹
95	缝型	一定数量的布片和缝制过程中的配置形态
96	缝迹密度	在规定单位长度内缝迹的线迹数，也可叫作针脚密度
97	手针工艺	应用手针缝合衣料的各种工艺形式
98	装饰手针工艺	兼有功能性和艺术性并以艺术性为主的手针工艺
99	塑形	把衣料通过熨烫工艺加工成所需要的形态
100	定形	根据面、辅料的特性，给予外加因素，使衣料形态具有一定的稳定性

除了以上名词术语外，其他服装专业标准中涉及更多的名词术语，表1-9提供了4个服装专业标准文件供读者学习。

表1-9　服装专业标准文件

序号	标准代号	标准内容
1	FZ/T 80004—2014	服装成品出厂检验规则
2	FZ/T 80007.1—2006	使用黏合衬服装剥离强力测试方法
3	FZ/T 80007.2—2006	使用黏合衬服装耐水洗测试方法
4	FZ/T 80007.3—2006	使用黏合衬服装耐干洗测试方法

思考与练习

1. 服饰缝制过程中常用的制图工具、缝制工具和缝纫设备有哪些？其用途分别是什么？

2. 服饰材料的种类有哪些？其特性是什么？

3. 写出十种面料的特性及其适合制作的服装。

4. 服饰工艺名词术语及缝制符号有哪些？

第二章
手缝与机缝基础工艺

在服饰缝制过程中，手工缝制与机器缝制是互相配合使用的。在服饰缝制之前，首先需要对面辅料进行熨烫，服饰制作过程中也有熨烫环节。服饰的不同部位采用不同的手工缝制与机器缝制方法，掌握基本熨烫方法、手缝技法与机缝基础缝型，是服装设计师、服装专业学生和服装爱好者必须具备的专业技能。

第一节　熨烫定形工艺

熨烫定形工艺是服饰制作的重要手段，贯穿于整个服饰制作过程中，了解并掌握熨烫的基本方法，有助于提升服饰的整体效果。

一、熨烫原理及其作用

在对服饰进行熨烫前，先介绍一下熨烫的原理及作用。

（一）熨烫的基本原理

熨烫是对服饰材料进行加湿、加温、加压，从而改变织物纤维的密度、形态和方向，利用其在温热状态下膨胀变形、冷却后可保形的物理特性来实现对服饰的塑形和定形，最终达到服贴、适体、平整、挺括、美观的效果。

熨烫基本遵循加湿与加热、加压、去湿与冷却三个原理。

1. 加湿与加热原理

运用喷雾器对服饰材料进行喷雾、喷水，再用熨斗进行加热升温，或者直接使用蒸汽熨斗进行加湿和加热熨烫。织物纤维的亲水性能使得其在加湿后吸水膨胀，容易伸展和归缩；熨斗的加热升温让水分变成蒸汽，蒸汽快速在织物中渗透并传递热量，使裁片的织物温度均匀。

织物纤维的热塑性能，使得织物在一定湿度、温度下变得松弛和柔软，更有利于裁片的塑形和定形。

2. 加压原理

织物纤维在接受加湿和加热处理之后，已经具备一定的可塑性，再对织物进行加压，利用外力使其有目的地延展、弯曲、拉长或缩短，达到裁片所需的塑形效果。

3. 去湿与冷却原理

织物经过加压处理后，已达到塑形效果，此时需要使具有塑形效果的织物快速失去水分和热量，固定织物的新的编织结构，去湿和冷却可以提升织物塑形后的抗变形能力，达到长期有效的定形。

（二）熨烫的作用

熨烫定形在服饰缝制过程中，主要起到以下四个方面的作用。

1. 原料预缩

在进行排料和铺料之前，由于原料性能不同，特别是天然纤维织物，会产生一定的预缩，如棉的下水预缩、毛料的起水预缩等，需要通过熨烫来对原料进行预缩处理，并烫平原料上的折皱，使原料平整，为后续缝制工艺提供保障。

不同纺织品的缩水率参见表1-5。

2. 塑形

塑形是指把衣料通过熨烫工艺加工成所需要的形态。为了使服饰更贴合人体、更立体美观，需要利用纺织纤维的可塑性，通过对部件裁片的推移、归拢、拔开等熨烫技巧，如西服前衣片的推门、归拔后背、归拔领面和领里、裤子的拔裆等，适当改变纤维的伸缩度和织物经纬组织的方向和密度，塑造出服饰的立体造型。

3. 定形

定形是指根据面辅料的特性，给予外加因素，使衣料形态具有一定的稳定性。在服饰缝制过程中，有些部件需要按照缝制工艺要求进行熨烫定形处理，如烫省缝、烫侧缝、扣烫底边、烫衬等，以达到省缝、侧缝、褶裥等的平直。

4. 成品整烫

服饰制作完成之后的熨烫称为大烫，属于后整理工程的步骤，通过熨烫整形，不仅可以使服饰外形平整、挺括和美观，也可以修正和弥补服饰制作工艺中的不足，从而提高成品质量，达到服饰成品的最佳状态。

二、整烫工具

常用整烫工具有以下几种。

1. 熨斗

熨斗是熨烫的主要工具，包括家用熨斗和工业熨斗两大类。服饰缝制过程中常使用蒸汽电熨斗，此类熨斗具有调温和喷雾功能，使用方便快捷，可根据布料性能来选择合适的熨烫温度，如图 2-1 所示。

2. 烫台

烫台主要用于熨烫缝制物品。一般要求台板大小能便于一条裤子或一件中长大衣的铺熨工作，也有为家庭方便熨烫的烫台，如图 2-2 所示。

（a）家用熨斗 　　　　（b）工业熨斗
　　　　　图 2-1　熨斗　　　　　　　　　　　　　　　　　　图 2-2　烫台

3. 马凳

马凳是用于熨烫裤子腰头、裤袋、裙子、上衣前胸等不宜平烫部位的辅助工具，如图 2-3 所示。

4. 铁凳

铁凳又称馒形凳，主要用于熨烫肩缝、前后肩部、后领窝、袖窿等不宜平烫的部位，如图 2-4 所示。

5. 袖烫板

袖烫板用于熨烫肩部、袖子、裤腿等狭窄部位，如图 2-5 所示。

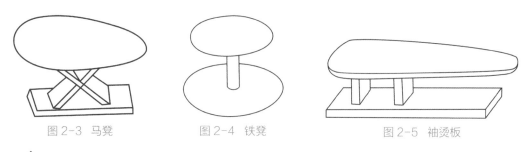

　图 2-3　马凳　　　　　　　图 2-4　铁凳　　　　　　　　图 2-5　袖烫板

6. 熨烫垫布

熨烫垫布一般使用坯布，熨烫时覆盖在布料表面，避免熨烫损伤布料、防止烫脏、减少"极光"。

7. 喷雾器

喷雾器是加湿熨烫定形处理的喷水工具，一般矫正布料或大面积喷水时使用，如图 2-6 所示。

8. 水刷和水盆

水刷和水盆也是熨烫时用来加湿的工具，一般在局部加湿时使用，如分缝烫和小部件熨烫，如图 2-7 所示。

图 2-6　喷雾器

（a）水刷　　（b）水盆

图 2-7　水刷和水盆

三、熨烫基本条件

根据熨烫基本原理，可以看出熨烫需要四个基本条件：湿度、温度、压力、时间。

1. 湿度

服饰织物具有亲水性能，湿度是织物产生变形的前提，适量的水分可以使得织物纤维膨胀变形，使织物的编织结构松动、组织密度容易延展和归缩。因此，在对织物进行加热熨烫之前，先要给织物加湿，可以用水刷来刷适量的水在织物上、用喷壶给织物喷上适量的水、垫一块湿布或者开启蒸汽熨斗上的水蒸气调节旋钮，再对织物进行加热熨烫。

2. 温度

由于服饰织物种类繁多，不同织物纤维有其适合的耐热温度，所以在对织物进行加热熨烫时，要先调节熨斗上的温度调节旋钮，根据织物的种类来选择合适的熨烫温度。一般熨斗温度调节旋钮上都标有不同面料的熨烫温度。

表 2-1 列出了常用织物的熨烫温度供学习和参考。

表 2-1　常用织物的熨烫温度参考

织物名称	蒸汽温度 /℃
尼龙织物	90～120
真丝织物	120～140
羊毛织物	140～160
棉织物	150～170
亚麻织物	170～190

3. 压力

压力是熨烫定形的必要条件之一，织物纤维在一定的湿度和温度下，对熨斗施加压力可以使织物产生变形。一般在进行手工熨烫时，熨烫压力根据织物情况和熨烫部位的不同等具体情况而定。在熨烫丝绸等薄型织物时，熨烫压力依靠熨斗本身的质量即可；熨烫牛仔面料等较厚的织物，或服饰多层部位，如下摆贴边、衬衫领、袖克夫等时，要增加熨烫压力来使得熨烫部位更服贴；熨烫毛呢织物时，则不宜采用压力熨烫，因为压力熨烫会影响织物毛绒丰满度，容易产生"极光"，所以要采用喷射蒸汽熨烫，熨斗不接触织物，通过蒸汽的温度和压力来达到定形的目的。

4. 时间

熨烫时间的配置和织物的性能有关，不同织物的导热性不同，因此达到熨平或定形所需的时间不同。根据不同的织物，可以选择连续式熨烫或间歇式熨烫，如熨烫真丝类薄型织物时，在保证织物质量的前提下，可采用连续式熨烫来提高生产效率；而熨烫较厚的织物或服饰部位时，一般宜采用间歇式熨烫，保证织物或服饰部位的充分定形。不同织物的熨烫加压时间和抽湿冷却时间如表 2-2 所列。

表 2-2　不同织物的熨烫加压时间和抽湿冷却时间

织物名称	加压时间 /s	抽湿冷却时间 /s
丝绸织物	3	5
化纤织物	4	7
混纺织物	5	7
薄型毛织物	6	8
中厚型毛织物	7	10

四、熨烫基本方法

熨烫按照制衣工艺流程可分为产前熨烫、黏合熨烫、半成品熨烫和成品熨烫。不同的熨烫种类有不同的熨烫方法。

（一）产前熨烫

产前熨烫是指在进行排料、铺料和裁剪之前，通过熨烫来对服饰材料进行预缩处理，并烫平服饰材料上的折皱，使其平整，为后续裁剪工艺提供保障。

不同的织物所需的熨烫温度不同，下面以白坯布为例进行产前熨烫，其基本方法和步骤如下。

1. 选择熨斗熨烫温度

一般白坯布为全棉织物，将熨斗温度调至棉织物适合的熨烫温度，或者直接转动熨斗上的温度调节旋钮至"棉"的挡位。

2. 整理白坯布的布纹

　　白坯布属于平纹织物（用平纹组织织成的织物），也就是经纱和纬纱每隔一根纱就交织一次（即纱是一上一下的），平纹织物表面平整、挺括。未经熨烫的白坯布会出现纵横的织线不在一个水平垂直的状态，而且会有折痕，因此需要通过蒸汽熨烫进行布纹整理。

　　熨烫整理布纹的方法有按压法和滑动整烫法两种。按压法，一般用于整烫大的折痕，要注意熨斗与布纹呈相对水平垂直的方向移动，将白坯布背面朝上平铺在烫台上，可在白坯布上放一块垫布，先用手整理好白坯布的布纹和折皱，然后用手握住熨斗放到整烫面上施加适当的力量，均匀用力按压熨斗，使熨斗一边与布纹呈相对的水平垂直方向移动，一边按压整烫，如图2-8所示。滑动整烫法一般用于在面料呈平坦状态时的整烫，熨烫时需要注意布纹，将熨斗压在面料上方，均匀用力移动熨斗，以滑动的方式进行整烫，如图2-9所示。

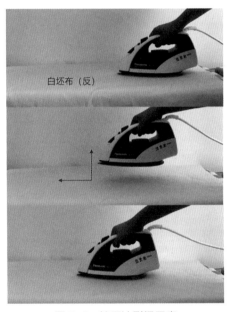

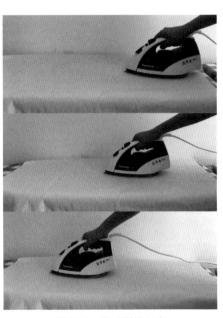

| 图2-8　按压法熨烫示意 | 图2-9　滑动熨烫示意 |

（二）黏合熨烫

　　黏合熨烫是指黏合衬的熨烫，也称烫衬。烫衬在服饰制作过程中起到重要的作用，可增加面料的硬挺度，提高面料的耐用度和美观度，具有定形等作用。

1. 黏合衬的种类

　　黏合衬是服饰制作中常用的辅料之一，黏合衬有毛衬、麻衬、棉衬和化学黏合衬，其中毛衬、麻衬和棉衬以手缝固定为主，化学黏合衬则需要熨烫固定。现代服饰工艺中常用的黏合衬指化学黏合衬，是一种涂有热熔胶的衬里。化学黏合衬种类很多，从织法上可分为无纺衬和有纺衬两种，其中有纺衬包括机织衬和针织衬，如图2-10所示。

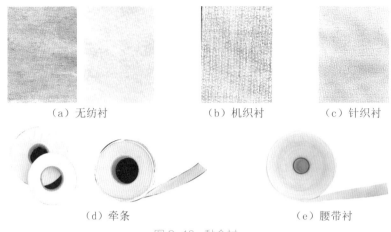

（a）无纺衬　　　　　（b）机织衬　　　　　（c）针织衬

（d）牵条　　　　　　　　　　（e）腰带衬

图 2-10　黏合衬

2. 黏合衬的选择

黏合衬要根据黏合部位的面料和缝制工艺来进行选择。无纺衬的优点是轻薄、不起皱、尺寸稳定、洗涤不缩水等，一般适用于棉织物、麻织物和混纺织物等；机织衬与面料粘贴得更牢固，质地不紧密的衬布较柔软，质地紧密的衬布较结实，可根据需要选用不同质地的机织衬；针织衬的优点是黏性好、不起皱、伸缩性和悬垂性好，可用于针织面料或缝制柔软的梭织物。此外，秋冬季的深色面料可根据工艺要求选择深色或浅色黏合衬，而夏季薄织物则需要选择与面料颜色相近的黏合衬。

在服饰制作过程中，口袋口、领子、袖口和下摆贴边、拉链两侧、外套的前衣身等部位都需要熨烫黏合衬，不同部位的黏合衬应根据缝制工艺要求来进行选择。

3. 黏合衬的使用

（1）黏合衬的裁剪。如图2-11所示，当面料正面需要压装饰线时，黏合衬不留缝份，按照裁片净纸样进行裁剪；当厚布料表面不需要压装饰线时，为减少缝制后的缝份厚度，以裁片净样线向外放出0.3cm来裁剪黏合衬；当薄布料表面不需要压装饰线时，黏合衬缝份和裁片缝份一致。黏合衬在裁剪时，不论黏合部位如何，面料与黏合衬的丝缕方向要一致。

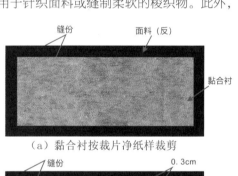

缝份　　　　　　　　面料（反）

黏合衬

（a）黏合衬按裁片净纸样裁剪

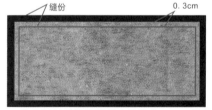

缝份　　　　　　0.3cm

（b）黏合衬以裁片净样线向外放出 0.3cm 裁剪

黏合衬与裁片大小一致

（c）黏合衬按裁片毛样裁剪

图 2-11　黏合衬的裁剪

（2）烫衬说明。不同的面料和黏合衬所需要的熨烫时间、温度、压力是不一样的。黏合衬熨烫时间根据面料厚度不同而有差异，一般为 8 ～ 15s。熨烫薄衬的温度为 120 ～ 130℃，熨烫中等厚衬的温度为 140 ～ 150℃，熨烫厚衬的温度为 150 ～ 160℃。此外，织物的厚薄与烫衬温度也有关系，如表 2-3 所列。在烫衬时要由上往下用力压烫，粘牢后应顺序移动，移动时不能留空隙，烫衬需用按压熨烫法，不可用滑动熨烫法。

表 2-3　织物与黏合衬温度参考

织物	熨烫温度 /℃
薄织物	130 左右
中等厚度织物	140 ～ 150
厚织物	150 ～ 160

（3）烫衬步骤。首先将黏合衬的黏合面与裁片面料的反面叠合，然后用干烫方式轻轻压烫，使面衬初步贴合平整，不可滑动熨烫，最后，自上而下用熨斗细心压烫，熨烫结束后等裁片自然冷却后再移动，否则会使裁片面料拉伸、变皱，如图 2-12 所示。

4. 黏合衬条的使用

黏合衬条是指涂上黏合剂的基底布裁剪成的条状产品，一般有直布黏合衬条和斜布黏合衬条两种。直布黏合衬条没有弹力，不变形，适用于衣服门襟、袖口、下摆等部位；斜布黏合衬条有弹力，适用于肩部、袖窿、领围等部位。使用黏合衬条可以防止面料拉伸。

（1）直线部位的熨烫黏合。熨烫时不可拉扯黏合衬条，要用手辅助，慢慢黏合，如图 2-13 所示。

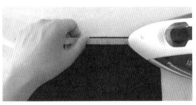

（a）左手拿黏合衬条，右手持熨斗

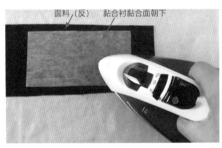

（a）压烫

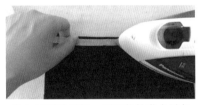

（b）用熨斗压烫，不可拉扯黏合衬条

（b）熨烫结束后自然冷却

图 2-12　烫衬步骤

（c）熨烫成品展示

图 2-13　直线部位黏合衬条的使用

（2）内凹曲线部位的熨烫黏合。将黏合衬条用手辅助，暂时固定在黏合位置尺寸变长的内侧，然后用熨斗压平浮起的黏合衬条，确实黏合，如图2-14所示。

（3）外凸曲线部位的熨烫黏合。将黏合衬条用手辅助，暂时固定在黏合位置尺寸变长的外侧，然后用熨斗压平浮起的黏合衬条，确实黏合，如图2-15所示。

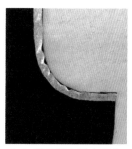 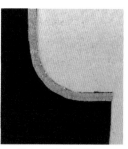 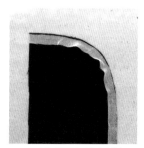 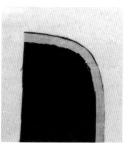

（a）暂时固定黏合衬条　　（b）用熨斗压烫，压平黏合衬条　　（a）暂时固定黏合衬条　　（b）用熨斗压烫，压平黏合衬条

图2-14　内凹曲线部位黏合衬条的使用　　　　图2-15　外凸曲线部位黏合衬条的使用

（三）半成品熨烫

在服饰缝制的各个环节、各道工序、各个部位中，需要对服饰半成品边缝制、边熨烫，半成品熨烫是服饰获得优良品质的前提和基础。半成品熨烫主要靠手工熨烫，一只手对面料进行整理，另一只手握住熨斗对需要熨烫的部位进行熨烫。不同面料、款式、部位等要求选择不同的熨烫技法。半成品熨烫的基本技法有平烫、分缝熨烫、扣缝熨烫和部件定形熨烫四种。熨烫时需要了解熨烫的基本原则：每一条机缝线都需要经过熨烫才能平整，首先熨烫面料反面缝份，使缝份服贴后，再垫上垫布熨烫面料正面。

1. 平烫

平烫是最基本的熨烫技法，一般用于面料和服饰平面的整理。平烫的操作方法是：将裁片面料铺平，反面朝上进行水平熨烫，动作要轻抬轻放，防止面料变形，在正面熨烫时可加垫布，防止熨烫温度过高而产生"极光"，如图2-16所示。

2. 分缝熨烫

服饰缝制过程中会产生很多缝份，通过分缝熨烫可以使服饰半成品平整、服贴。根据不同部位结构和造型的需要，运用平分烫熨烫、伸分烫熨烫和缩分烫熨烫进行熨烫，使缝份烫平、烫实。

（1）平分烫熨烫。平分烫熨烫一般用于裙子、裤子的侧缝等。

操作方法如下。右手持熨斗，左手将缝份左右分开，用蒸汽熨斗尖沿着缝份中间缓缓地向前移动压烫，注意左手不要被蒸汽烫到。左右手配合熨烫，直到将缝份烫分开、烫平整，如图2-17所示。

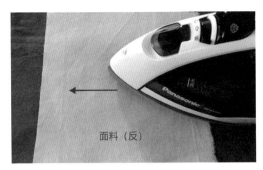

图 2-16　平烫技法

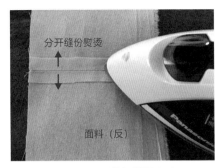

图 2-17　平分烫熨烫示意

（2）伸分烫熨烫。伸分烫熨烫的缝份一般为内凹弧线，该技法适用于裤子的下裆缝、袖子的前偏袖缝等。

操作方法是：右手持熨斗，左手拉住缝份，一边熨烫一边将缝份拉伸，左右手配合熨烫，直到将缝份烫分开、烫实，达到伸而不吊、长而不缩的分缝效果，如图2-18所示。

（3）缩分烫熨烫。缩分烫熨烫的缝份一般为外凸弧线，该技法适用于肩缝、裙子和裤子侧缝中外凸斜弧形缝、袖子的外偏袖袖缝等。

操作方法如下。将熨烫部位缝份放置在拱形烫木或者袖烫板上，右手持熨斗，左手中指和拇指捏住缝份左右两侧，用食指对准熨斗尖稍向前推送，配合分烫前进的熨斗。左右手协调配合熨烫，直到将缝份烫分开、烫实，且不伸长、不拉宽，如图 2-19 所示。

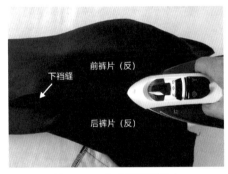

图 2-18　伸分烫熨烫示意

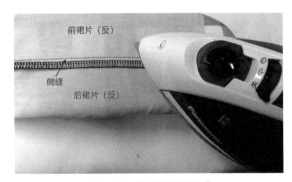

图 2-19　缩分烫熨烫示意

3. 扣缝熨烫

服饰缝制过程中，如裙边、上衣底摆、袖口、裤口、口袋口等部位都需要进行折边、卷边、扣缝等操作工艺，这时候就需要扣缝熨烫来使其服贴、平整，便于后续工艺操作。扣缝熨烫主要有平扣缝熨烫、归扣缝和缩扣缝熨烫三种技法。

（1）平扣缝熨烫。平扣缝熨烫一般用于裙子和裤子的腰头缝制、带襻缝制、袖衩条缝制、包袋的拎带缝制等。

操作方法如下。以包袋的拎带为例，将拎带扣烫板（净样）放到裁片上，左手压住扣烫板，右手持熨斗将缝份向内扣烫。左右手配合熨烫，直到将两侧缝份扣折烫压为光边，且烫平、烫实，如图2-20所示。

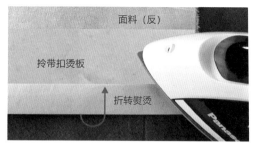

图2-20　平扣缝熨烫

（2）归扣缝熨烫。归扣缝熨烫一般用于弧形较大的上衣或裙子的底边、贴边等的翻折扣烫。

操作方法如下。以裙子下摆贴边为例，首先将贴边按照设计的宽度进行翻折，左手将翻折的贴边按住，右手持熨斗，用蒸汽熨斗尖沿着贴边缓缓地向前进行归扣熨烫，注意左手不要被蒸汽烫到。左右手配合熨烫，直到将贴边弧线形归缩定形，并烫服贴、平整，如图2-21所示。

（3）缩扣缝熨烫。缩扣缝熨烫一般用于局部的小部位，如口袋扣烫圆角、衣袖袖窿吃势的扣烫等。

操作方法如下。以口袋扣烫圆角为例，首先将口袋圆角处用大针距缉缝一道缝线，缝线距离净线0.3cm左右，然后抽缩缝线使圆角收缩成曲势，再将口袋扣烫板放置在袋布上进行扣烫，扣烫时先扣烫口袋两侧的直线，再扣烫口袋的圆角。在扣烫圆角时，用熨斗尖将圆角处缝份逐渐往里归缩熨烫平服，口袋正面不能出现褶裥印子，如图2-22所示。

（a）左手按住翻折的贴边，
右手持熨斗进行归扣熨烫

（b）归扣熨烫裙贴边

图2-21　归扣缝熨烫

4. 部件定形熨烫技法

有一些服饰部件在缝制过程中需要进行熨烫定形，如省道、褶裥、大袖衩、小袖衩等，这类部件的定形熨烫是为了给下一道缝纫工序创造条件，也

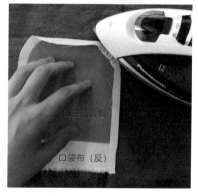

图2-22　缩扣缝熨烫

给整件服饰的工艺和质量打好基础。定形熨烫主要有四种技法：分烫定形、压烫定形、伸拔烫定形和扣烫定形。

（1）分烫定形。分烫定形一般用于服饰的细小部位和特殊部位，如嵌线、省道、扣眼等。

操作方法如下。以省道的分烫定形为例，首先将省道剪开至省尖处0.3cm左右，然后从省的最宽处开始熨烫，省缝要分开烫实，省尖部位也要归烫平整，如图2-23所示。此类省道分烫定形多用于较厚面料的省道缝制工艺。

（2）压烫定形。压烫定形一般用于服饰部件的止口、领角和褶裥等。

操作方法如下。以裙子褶裥的压烫定形为例，首先将褶裥按照设计要求翻折，左手压住褶裥，右手持熨斗进行压烫，褶裥要烫实、烫薄，如图2-24所示。

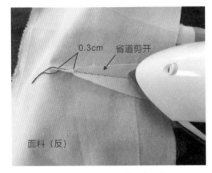

图2-23　分烫定形示意

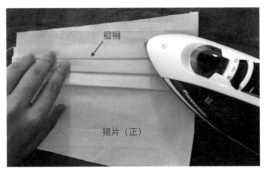

图2-24　压烫定形示意

（3）伸拔烫定形。伸拔烫定形一般用于西服和大衣肩线、后背、腰部等部位。

操作方法如下。以西服腰部的伸拔烫定形为例，熨斗沿腰部箭头方向进行弧线熨烫，双手配合进行伸拔熨烫定形，如图2-25所示。

（4）扣烫定形。扣烫定形一般用于小部件，如串带襻、大袖衩、小袖衩等部位。

操作方法如下。扣烫部件按照扣烫板进行翻折，熨斗随时跟进，进行扣烫定形，如图2-26所示。

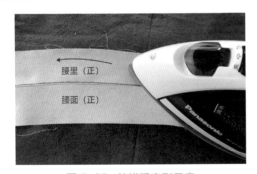

图2-25　伸拔烫定形示意

图2-26　扣烫定形示意

（四）成品熨烫

成品熨烫是在服饰完成之后进行的熨烫，一般也称"大烫"，是指将服饰进行全面的整烫，对服饰不平整的部位进行熨烫从而达到外观平整，局部工艺处理后更立体、更美观的过程。所谓"三分做工，七分整烫"，一件服饰成品的美观效果很大程度上由整烫来决定。成品熨烫时应在服饰表面加一层垫布，防止烫坏服饰，如使织物表面烫黄、烫变形、产生"极光"等。成品熨烫除了是对服饰进行定形和保形处理，也有成品检验和整理的功能。

五、熨烫工艺流程

熨烫工艺流程因缝制对象不同而不同。同一缝制对象，其熨烫工艺流程又分为半成品熨烫工艺流程和成品熨烫工艺流程。下面分别以直筒裙、女衬衫、女西裤为例来进行说明。

（一）直筒裙熨烫工艺流程

1. 半成品熨烫

烫腰省→后片绱拉链部位烫衬→后片开衩部位烫衬→分烫后中缝→压烫裙后衩→烫侧缝→腰带烫衬→扣烫腰带→烫裙摆贴边。

2. 成品熨烫

烫底摆→烫侧缝→烫裙衩→烫省道→烫腰头。

（二）女衬衫熨烫工艺流程

1. 半成品熨烫

烫腰省→门襟烫衬→里襟烫衬→压烫门襟、里襟→分烫肩缝→翻领面、领座面烫衬→领角折叠熨烫→领子熨烫定形→扣烫领座面下口缝份→扣烫袖衩布→压烫袖衩→熨烫袖底缝份→分烫侧缝→袖克夫烫衬→扣烫袖克夫→烫衬衫底摆。

2. 成品熨烫

烫衣领→烫袖子→烫衣身→烫底摆→烫肩缝→烫侧缝。

（三）女西裤熨烫工艺流程

1. 半成品熨烫

袋垫布、裤前片袋口处烫衬→烫袋口→烫前裤片褶裥→烫后腰省→挖袋嵌线布烫衬→后裤片开袋部位烫衬→扣烫嵌线布→压烫嵌线挖袋→分烫侧缝→分烫下裆缝→门襟烫衬→分缝熨烫裆缝→扣烫串带襻→腰面烫衬→扣烫腰里下口缝份→烫裤口贴边。

2. 成品熨烫

烫腰头→烫前褶裥→烫侧袋→烫后省→烫后袋→烫脚口→烫侧缝。

第二节　手缝技法与机缝基础缝型

在服饰缝制过程中，既会用到手缝也会用到机缝，熟悉并掌握常用手缝技法和机缝基础缝型，有助于顺利进行服饰的缝制。

一、手缝技法

根据《服装术语》（GB/T 15557—2008）中的各类针法总结，可以归纳出以下几种常见的手缝针法及其操作方法和使用范围。

（一）缝针

缝针也称平针缝，是指针距相等的手缝针法，有普通缝针和细针缩缝两种。

1. 普通缝针

普通缝针是指布料正面和反面的针距长度相同，一般针距为0.4～0.5cm。普通缝针的操作方法是：取两层面料，将手缝针自右向左缝，手缝时按一上一下等距离运针，一般连续运针3~4次后拔出，运针后正反面线迹相同，如图2-27所示。

普通缝针是最基本的手缝针法，也是最常见的手缝针法，常用于手工缝制、装饰点缀，或者为了假缝试穿而临时固定两层面料，等制作完成后可拆除。

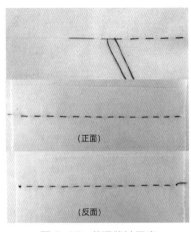

（正面）

（反面）

图2-27　普通缝针示意

图2-28　细针缩缝示意

2. 细针缩缝

细针缩缝与普通缝针的区别在于其针距为0.2～0.3cm。细针缩缝的操作方法是：以针尖运针多次后拔出，针距要均匀且密，如图2-28所示。

细针缩缝一般用于归拢袖山弧线和抽碎褶，如图2-29、图2-30所示。

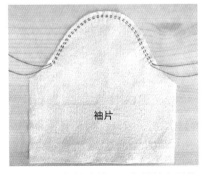

袖片

图2-29　细针缩缝用于归拢袖山弧线

0.5cm

0.2cm

图2-30　细针缩缝用于抽碎褶

（二）假缝

假缝是用手缝针以宽针距暂时将两层布片固定，方便进行后续的缝制工作，缝制完成后可拆除假缝线迹。假缝有疏缝和打线丁两种。

1. 疏缝

为了使车缝时上下两层裁片能准确对齐，用手缝针先将两层裁片用疏缝的方法暂时固定，等裁片缝制完成后再将疏缝的线迹拆除。疏缝的操作方法为：取两层面料，将手缝针按等距离运针，针距根据疏缝的部位而定，一般为6.0cm左右。有时采取斜疏缝，缝线呈斜向等距离运针，针距一般为2.5～3cm。疏缝和斜疏缝分别如图2-31、图2-32所示。

疏缝一般用于暂时固定缝份、贴边或门襟等容易滑脱的面料。

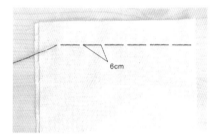

图2-31 疏缝示意

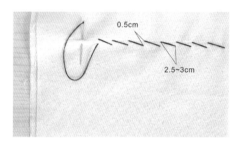

图2-32 斜疏缝示意

2. 打线丁

线丁是服饰缝制过程中的定位标志，一般用在丝织物、毛织物等不宜使用划粉来做标记的材料上。线丁的使用部位一般有缝份、贴边、省、纽扣等需要对位的部位。

打线丁使用两条棉线，在对缝份、贴边等位置进行打线丁时，先用手缝针在净样处进行疏缝，然后将上层裁片掀开剪断缝线，使上下两层裁片都留下线头；在对省尖、纽扣位等位置进行打线丁时，要用手针缝"十"字线丁，然后剪开两层裁片中间的缝线留下线丁，一般线丁长度为0.3cm左右，如图2-33、图2-34所示。

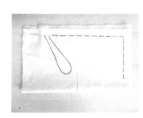
（a）疏缝

（b）剪断缝线

图2-33 缝份线丁

（a）缝"十"字线丁

（b）剪断缝线

图2-34 纽扣线丁

（三）倒钩针

倒钩针也叫回针。倒钩针主要用于加固服饰某些部位，如领口、袖窿、侧缝、裤裆等部位。

倒钩针缝出的正面线迹与缝纫机平缝的线迹外观相似，效果也相近。倒钩针的操作方法是：将手缝针自右向左运针，先在正面回缝一针，然后再在反面以两倍的针距前进一针，针距为0.4cm左右，如图2-35所示。

（四）斜针

斜针也称扎针。其线路为斜线，斜针针法可进可退。主要用于领口、袖口、下摆等服饰部件的边沿部位固定，如图2-36所示，按图中1～3顺序穿刺。

（五）拱针

拱针是用于手工拱缝的针法，亦称暗针。拱针的操作方法是：正面不露出明显的针迹，如图2-37所示，按图中1～5的顺序穿刺。

拱针一般用于毛呢服装的无缉线止口部位，用来固定衣身、挂面和衬料。

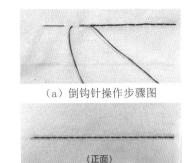

（a）倒钩针操作步骤图

（正面）

（b）倒钩针正面缝迹线

（反面）

（c）倒钩针反面缝迹线

图2-35 倒钩针示意

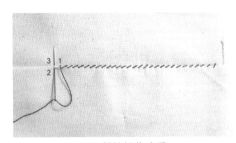

（a）斜针操作步骤

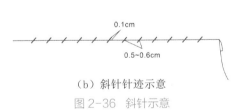

（b）斜针针迹示意

图2-36 斜针示意

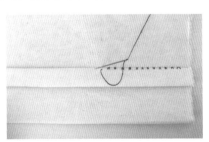

（a）拱针操作步骤

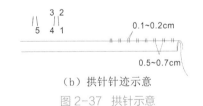

（b）拱针针迹示意

图2-37 拱针示意

（六）缲针

缲针有明缲针、暗缲针和三角缲针三种。缲针时在服饰反面操作，应选用与面料同色的线，以便更好地隐藏线迹。另外，注意线迹要松弛以免正面出现皱痕。

缲针一般用于服饰袖口、裤口、下摆等的贴边。

1. 明缲针

明缲针的操作方法是：将手缝针自右向左运针，用针尖同时挑住面料反面和折边，将缝线拉过去并保持一定的松度，针距为0.2cm左右，针迹为斜向，如图2-38所示，按图中1～3的顺序穿刺。

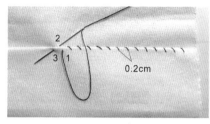

（a）正面　　　　　　　　　　　（b）反面

图2-38　明缲针示意

2. 暗缲针

暗缲针的操作方法是：将手缝针自右向左运针，用针尖同时挑住面料反面和折边，由内向外直缲，缝线隐藏于贴边的夹层中间，针距为0.3cm左右，如图2-39所示，按图中1～3的顺序穿刺。

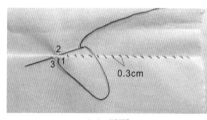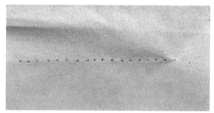

（a）正面　　　　　　　　　　　（b）反面

图2-39　暗缲针示意

3. 三角缲针

三角缲针的操作方法是：将手缝针自右向左运针，翻开底摆用针尖挑起1～2根纱线，针距为0.5cm左右，再将裁片反面挑1～2根纱线，缝线不拉紧，如图2-40所示，按图中1～3的顺序穿刺。

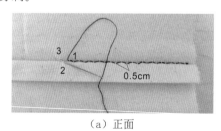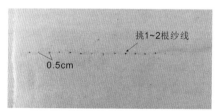

（a）正面　　　　　　　　　　　（b）反面

图2-40　三角缲针示意

（七）三角针

三角针也称花绷针、千鸟缝、交叉缝。三角针的操作方法是：将手缝针自左向右运针，在裁片反面挑1～2根纱线，正面不露出针迹，抽拉线均匀且不宜过紧，如图2-41所示，按图中1～5的顺序穿刺。

三角针主要用于有里衬或锁边后的西服和大衣的下摆贴边、袖口贴边的缝份固定。

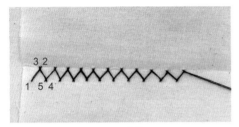

（a）正面

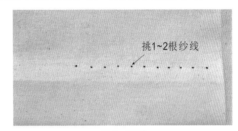

挑1~2根纱线

（b）反面

图2-41　三角针示意

（八）锁扣眼

扣眼一般开在门襟、袖克夫上，门襟扣眼位置可根据"男左女右"的说法来定，现已没有明确的区分。扣眼大小可根据纽扣的大小来定，一般大于纽扣直径0.2～0.3cm。

扣眼有圆头和方头两种，锁扣眼可手工锁缝或机器锁缝。手工锁缝时一般使用棉线或丝线，线的颜色宜与面料颜色一致或略深一些，线的长度为扣眼的30倍左右。薄面料使用单股缝线，厚面料使用两股缝线合并锁缝。

在锁扣眼之前，为了防止缝线在锁缝时打扭，需先对其进行处理：用熨斗熨烫一次，可在缝线上打一些蜡，再用白纸夹住擦去多余的蜡，这样可使缝线更牢固，锁缝时更易操作。

1. 圆头扣眼

圆头扣眼指纽孔前端锁成圆孔状，圆孔大小与纽脚粗细一致。圆头扣眼一般用于较厚面料及毛呢织物的服饰上，如西服、大衣、套装等。

圆头扣眼锁缝具体操作方法如图2-42所示。

（1）定位。确定扣眼位置，按设计要求画出扣眼位，扣眼需大小一致，扣眼之间也需等距离。

（2）剪口。在扣眼中央剪口。

（3）缝衬线。在扣眼周围缝一圈衬线，缝线距离扣眼0.3cm左右，从面料反面穿刺上来，然后根据图2-42所示的①～⑤的顺序进行穿刺，缝线要平直但不宜过紧。

（4）锁左侧扣眼。左手食指和大拇指捏住扣眼左边，食指在扣眼中间处撑开，右手拿手缝针，将针从扣眼左侧底下向衬线外侧戳出，再将针的尾部引线朝左下方套住针尖下部，然后针向右上角方向拉出，形成第一个锁眼针迹。再以同样的方法，对左侧扣眼继续锁缝，一直密锁针口至圆头处。

（5）锁圆头。以锁眼的针法来锁圆头，每一针抽拉的方向需经过圆心。

（6）锁右侧扣眼。与锁左侧扣眼针法相同，连续密锁针口至扣眼尾端。

（7）尾端封口。连穿两针平行封线，为了牢固，再在封线中间锁两针，然后从中间空隙中穿过，戳向反面打结，线结藏于暗处，拉入夹层中。

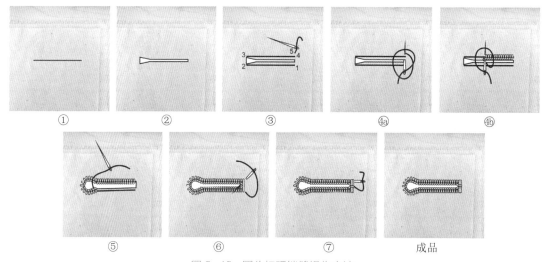

图 2-42　圆头扣眼锁缝操作方法

2. 方头扣眼

方头扣眼一般用于较薄面料的服饰上，如衬衫、童装、睡衣等。

方头扣眼锁缝方法与圆头扣眼一样，最大的区别是可以省略衬线和无纽脚孔，具体操作方法如图 2-43 所示。

（1）定位。确定扣眼位置，一般宽 0.4cm，长是纽扣直径加上纽扣厚度，按设计要求画出扣眼位，扣眼需大小一致，扣眼之间也需等距离。

（2）剪口。在扣眼中央剪口。

（3）缝衬线。在扣眼周围缝一圈衬线，缝线距离扣眼 0.2cm 左右，从面料反面穿刺上来，然后根据图 2-43 所示的①～⑤的顺序进行穿刺，缝线要平直但不宜过紧。

（4）锁眼。与圆头锁眼针法相同，如图 2-43 中④～⑥所示，先在一侧锁缝，一侧锁完之后，在转角处锁成放射状，然后继续锁缝另一侧，一直锁到尾端。

（5）尾端封口。与圆头锁眼尾端封口方法相同，如图 2-43 中⑦、⑧所示。

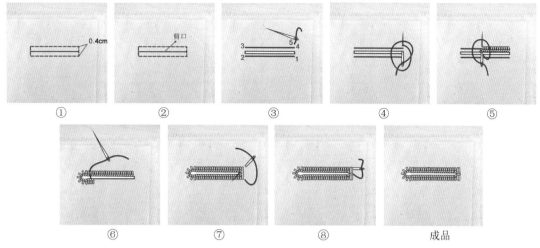

①　②　③　④　⑤

⑥　⑦　⑧　成品

图 2-43　方头扣眼锁缝操作方法

（九）套结针

套结的作用是加固服饰开口的封口处，同时起到装饰作用。套结针操作方法是：首先缝衬线，第一针从封开处的反面戳出，线结在反面，在开衩顶端横缝四行衬线，线尽量靠近；然后套入，在衬线上用锁眼方法锁缝，每针缝牢衬线下的面料，锁紧密且针距排列整齐，如图2-44所示。

套结针主要用于服饰摆缝开衩、口袋两端、门里襟封口、拉链终端等易受拉力的部位。

（十）拉线襻

拉线襻一般用于裙子、西服、大衣等的里料与面料的固定，或做腰带襻。常用的拉线襻方法有两种。

1. 手编法拉线襻

手编法的具体操作方法如图 2-45 所示。

（a）缝衬线

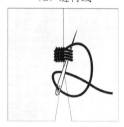

（b）锁缝

图 2-44　套结针

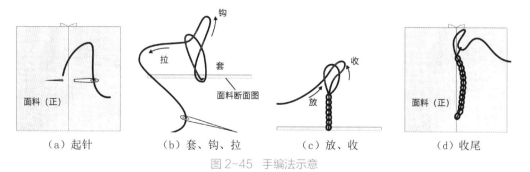

（a）起针　（b）套、钩、拉　（c）放、收　（d）收尾

图 2-45　手编法示意

（1）起针。在面料上起针，连缝份一起穿过。

（2）套、钩、拉。先左手拿住缝线，右手将手缝针向左套住缝线，然后右手从套圈里钩住缝线，最后用左手拉住缝线。

（3）放、收。将左手缝线放松，右手拉住缝线向上收起，并重复放、收步骤，形成一段线襻，线襻长度根据需要而定。

（4）收尾、缝合。线襻拉至一定长度后，将手针从套结处抽出，然后穿过里料进行缝合。

2. 锁缝法拉线襻

锁缝法的具体操作方法，以做腰带襻为例，如图2-46所示。

（1）缝衬线。在面料上腰部合适位置用缝线来回缝出2～4条衬线。

（2）锁缝。按照锁扣眼的方法进行锁缝。

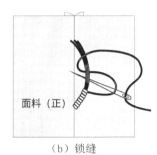

（a）缝衬线　　　　　（b）锁缝

图2-46　锁缝法示意

（十一）钉纽扣

纽扣种类繁多，按照样式可分为圆形纽扣、方形纽扣、多边形纽扣、花形纽扣等；按照材质可分为树脂纽扣、塑料纽扣、木质纽扣、骨质纽扣、金属纽扣等；按照纽扣与衣服的关系可分为有眼纽扣和无眼纽扣；按照功能形式可分为实用纽扣和装饰纽扣。其中，实用纽扣要与扣眼相吻合，且在钉纽扣时，需要放出适当的松量来缠绕纽脚，线脚的长度由面料的厚薄来决定；而装饰纽扣与扣眼没有直接关系，因此在钉装饰纽扣时线要拉紧钉牢。

1. 普通两孔纽扣的钉缝

普通两孔纽扣的钉缝需要有线脚，线脚长度由衣片的厚薄来决定，具体操作方法如图2-47所示。

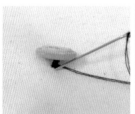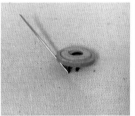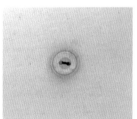

（a）穿线　　　　（b）绕线　　　（c）打线套、做线结　　　（d）成品

图2-47　普通两孔纽扣钉缝

（1）穿线。在面料正面起针，缝成十字形，然后将线穿入纽扣，穿2～3次，使线脚比面料的厚度稍长。

（2）绕线。在线脚上绕线，从上至下将线绕几圈。

（3）打线套、做线结。先打一个线套，将线拉紧，然后来回穿两针，将线穿到里面，最后在里面做一个线结，将线拉至面料或线脚的间隙中，剪去多余的线头。

2. 有线脚和垫扣的纽扣钉缝

此类纽扣一般用在西服、外套、大衣中，由于面料较厚、纽扣较大，所以在钉缝时要有线脚，同时要将垫扣钉缝上，如图 2-48 所示。

3. 有脚扣的纽扣钉缝

直接将缝线穿过纽脚上的扣眼与衣片固定，缝线不需要放出线脚，如图 2-49 所示。

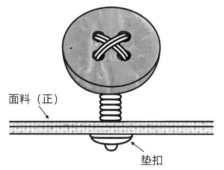

图 2-48　有线脚和垫扣的纽扣钉缝

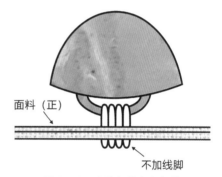

图 2-49　有脚扣的纽扣钉缝

4. 四孔纽扣的钉缝

四孔纽扣的穿线方法有平行、交叉、方形三种，如图 2-50 所示。

（a）平行

（b）交叉

（c）方形

图 2-50　四孔纽扣的钉缝

（十二）包扣

包扣的操作方法如下。将面料按照纽扣直径的两倍剪成圆形，面料一般采用服饰同种面料，也可根据设计要求选用其他面料，如面料有图案，可将想要的图案置中裁剪；然后用双线在其边沿以细针缩缝法均匀缝一周；再塞进纽扣或其他硬质材料，将线均匀抽拢并固定，注意包扣正面周围不能产生褶皱，如图 2-51 所示。

包扣在服饰上不仅有实用作用，也起到装饰作用。

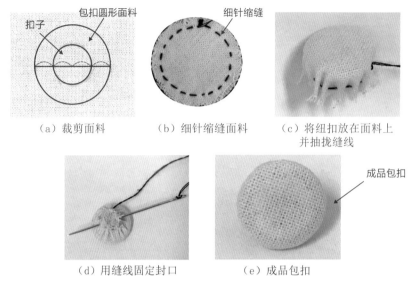

（a）裁剪面料　　　　（b）细针缩缝面料　　　　（c）将纽扣放在面料上
并抽拢缝线

（d）用缝线固定封口　　　　（e）成品包扣

图 2-51　包扣制作

二、机缝基础缝型

在缝纫机发明之前，服饰是由手工缝制完成的。一直到 18 世纪中叶工业革命后，纺织工业的大生产促进了缝纫机的发明和发展。1970 年，英国木工托马斯·山特（Thomas Saint）发明了世界上第一台先打洞、后穿线、缝制皮鞋用的单线链式线迹手摇缝纫机。此后，服饰的缝制大部分由机缝来完成，因此，掌握机缝基础工艺对学习服饰缝制有重要的帮助。

（一）机缝测试

在进行机缝测试之前，要先将缝纫机安装调试好。

1. 缝纫机的选择

缝纫机的种类繁多，本书中机缝所用的缝纫机为工业缝纫机（industrial sewing machine）。工业缝纫机是适于缝纫工厂或其他工业部门中大量生产用的缝制工件的缝纫机。服装、鞋帽、包袋等需要用缝纫机的工厂都是用工业缝纫机，服装院校的实训教学设备也大多采用工业缝纫机。工业缝纫机的优点是操作简单、使用寿命长。

一般工业缝纫机包括平缝机、包缝机、锁眼机、钉扣机和套结机等。服饰缝制过程中使用最多的是平缝机，下面介绍平缝机的构造。

（1）挑线机构（take-up mechanism）。包括挑线杆、张力器和松线钩等部件，如图 2-52 所示。其在缝纫机缝纫时，在形成线迹的过程中，起到输送、回收针线并收紧线迹的作用。挑线机构可分为凸轮挑线机构、连杆挑线机构、滑杆挑线机构、旋转挑线机构和针杆挑线机构。

（2）送料机构（feeding mechanism）。它是缝纫时进行递送缝料的机构，如图2-53所示。

（3）勾线机构（thread hooking mechanism）。它是缝纫时由机针带引线穿过缝料形成线环后，一个勾住这个线环使之形成线迹的机构，如图2-54所示。

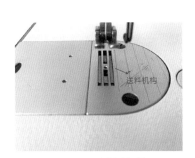

图2-52 挑线机构 　　　　　图2-53 送料机构 　　　　　图2-54 勾线机构

（4）压脚（presser）。缝纫时在缝料表面上施加压力的构件即为压脚，如图2-55所示。缝纫机压脚主要有普通压脚、塑料压脚、卷边压脚、隐形拉链压脚、单边压脚、嵌线压脚等，根据不同的缝纫要求可选用不同的压脚。

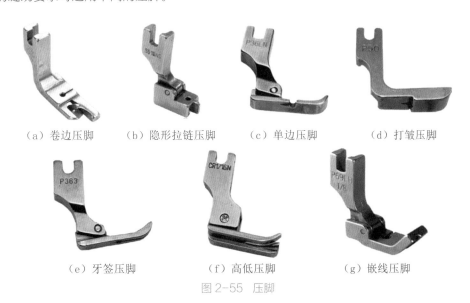

（a）卷边压脚 　（b）隐形拉链压脚 　（c）单边压脚 　（d）打皱压脚

（e）牙签压脚 　　（f）高低压脚 　　（g）嵌线压脚

图2-55 压脚

2. 平缝机的调试

由于缝制服饰的款式、面料不同，工业平缝机在缝制前都需要进行调试。

（1）机针的调节

① 机针的选择。机针应根据面料来选择不同的型号，如表2-4所列。

表 2-4　常用面料机针型号

面料	机针型号
丝织物等轻薄面料	9 ～ 11
棉、麻、化纤织物等一般厚度面料	14
牛仔布、帆布、毛呢等中厚型面料	16 ～ 18

② 机针的安装。首先使针杆上升到最高位置，方便装针，旋松装针螺丝；然后将机针呈扁平的一侧朝右、有线槽的一侧朝左进行安装，如线槽一侧朝右安装，缝纫时容易发生断线的问题；最后将针柄插入针杆下部的针孔内并顶到底部，拧紧装针螺丝，如图2-56所示。

（2）针距的调节。平缝机针距的大小需根据服饰款式、面料、缝纫工艺等来调节。服饰面料表面有装饰线时，根据装饰线的线迹大小来调节针距大小。一般正装、内衣的装饰线针距较小，而休闲装、外套的装饰线针距较大；当缝制薄面料时，机针较细，针距较小，缝制厚面料时，机针较粗，针距较大；当缝制部件需要抽褶裥、假缝时，针距较大，而缝制部位需要缝牢固时，针距较小。

表 2-5 为常用机针型号与针距配置。

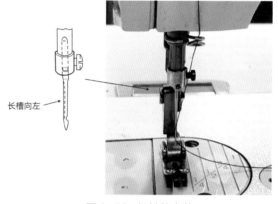

图 2-56　机针的安装

长槽向左

表 2-5　常用机针型号与针距配置

机针型号	针距 /（针 /3cm）
9 ～ 11	14 ～ 16
14	12 ～ 14
16 ～ 18	10 ～ 12

（3）缝纫线的调节

① 缝纫线的选择。缝纫线需要根据服饰的面料来进行选择。在颜色选择上，缝纫线的颜色一般要和服饰面料一致，除了有些特殊设计的款式会用与服饰不同颜色的缝纫线，这类缝纫线通常还起到装饰作用。在型号选择上，面料越薄、机针越小，缝纫线就越细；反之，面料越厚，机针越粗，缝纫线就越粗。缝纫线在质地选择上也应和面料质地一致：棉缝纫线，耐热性好，但弹性、耐磨性、抗潮性、抗细菌能力较差，一般适用于纯棉面料；涤纶缝纫线，具有强度高、线迹美观、颜色丰富、不皱缩等优点，适用于大部分面料；锦纶线，具有断裂强度高、吸湿性小、弹性高等优点，但是耐热性不够，适用于化纤面料、呢绒面料、羊毛面料等；丝线表面光滑、光泽柔和、弹性佳、耐高温，适用于绸缎面料。

② 缝纫线的安装。如图 2-57 所示，按照 1～9 的步骤进行安装。

（4）梭芯和梭壳的调节

① 梭芯。梭芯在装入梭壳前需要先倒线，倒线要平整、松紧一致，且不宜过满，如果没有卷好底线，会使缝纫线的张力不佳而导致缝线线迹不好看，如图 2-58 所示。

图 2-57　缝纫线的安装

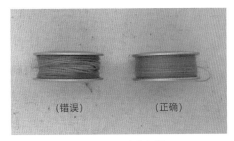

图 2-58　梭芯倒线

② 梭壳。梭芯倒线顺时针方向装入梭壳，将底线线头从梭壳的弹簧片下拉出；梭壳缺口朝上装入机器转轴，推入直至听到"咔"的一声才到位；取出梭壳时要抬起梭壳门闩，如图2-59所示。

（a）梭芯装入梭壳

（b）梭亮装入机器转轴

图 2-59　梭壳安装

（5）缝纫线迹的调节。缝纫线的线迹由面线（上线）和底线（下线）组成。车缝时用均匀的面线和底线才能缝出漂亮的线迹，如图2-60中a所示，当面线和底线在两层面料的中间互相缠绕，其形成的线迹是正确的；当面线太紧，则会形成图2-60中b的线迹，此时要确认底线的状态，然后将面线调松；当面线太松时，则会形成图2-60中c的线迹，此时在确认底线的状态后将面线调紧。

（二）平缝机操作

1. 空车操作

初学者需要先进行平缝机空车操作，来锻炼机缝的准确度、熟练度和速度。空车操作步骤是：首先在白纸上画出不同的线迹，如直线、曲线、几何图形等；然后按照白纸上的线迹进行机缝练习，平缝机上不穿面线和底线。在空车操作时，要求针孔与白纸上的线迹对齐，机缝的速度要均匀，不能时快时慢，机缝要有连贯性，尽量少停车。

2. 缉布练习

在进行服饰机缝之前，要先进行缉布练习，打好缝纫基本功，在缝纫练习过程中掌握基本原则。

（1）单层面料机缝。在面料上用划粉或水消笔画出机缝线迹的位置，方便初学者在机缝时能准确对位，机缝的线迹可以是直线，也可以是曲线。具体操作步骤如图2-61所示。在进行单层面料机缝前，先将平缝机的底线勾起，和面线一起绕到压脚右前方；然后将压脚抬起，放入单层面料，确定好机缝位置，开始机缝。机缝结束后，将缝纫线拉到压脚左前方，将缝纫线剪断。

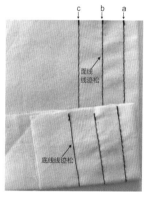

图 2-60　缝纫线迹

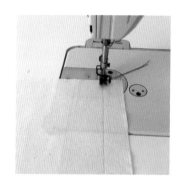

（a）开始机缝

（b）机缝结束

图 2-61　单层面料机缝

（2）双层面料机缝。在机缝双层面料时，根据机缝时下层面料自然皱缩、上层面料受力推送拉伸的原理，且初学者不易掌握用手控制面料运行方向及对面料平服的整理，因此要先将双层面料别上珠针或疏缝后，再进行机缝。

① 珠针的固定。为了机缝时使双层面料不随意移动，用珠针将两层面料进行暂时固定，固定方法如图2-62所示。

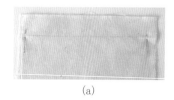

（a）

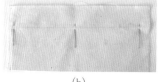

（b）

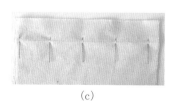

（c）

图 2-62　珠针的固定

　　a. 将两层面料对齐，在始缝处和止缝处别上珠针，由于面料会留下珠针别上的针孔，所以要将珠针别在靠近缝线的缝份外侧。

　　b. 在面料缝线中间位置别上珠针。

　　c. 如果缝合的距离较长，可在等距位置别上珠针。

　　② 疏缝。在机缝时，如果面料较厚或不方便使用珠针，可以用疏缝线进行暂时缝合固定，固定方法如图2-63所示。

　　将两层面料对齐，在靠近缝份外侧进行缝合，挑起少许布料。拉出缝线，间距可适当大一些，缝合时需注意不要将疏缝线拉得过紧。缝合薄面料时可使用单线进行固定，不易损伤面料；缝合厚面料时，可使用双线固定，更为牢固。

　　③ 机缝操作。珠针固定或疏缝之后，开始机缝操作。双层面料的机缝操作与单层面料基本相同，不同之处在于，双层面料为了使双层布料缝合牢固，需要在起止点进行倒回针，一般倒回针3针左右，如图2-64所示。

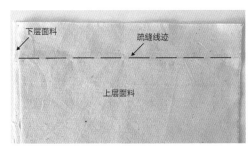

图2-63　疏缝

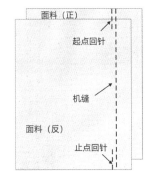

图2-64　机缝倒回针操作示意

（三）基础缝型缝纫工艺

1. 缝型

　　缝型是指采用不同机器缝制时，一根或一根以上的缝线采用自链、互链、交织等方式在面料表面或穿过面料所形成的一个单元。缝型是一系列线迹与一定数量的面料相结合的形式。缝型的结构形态对缝制品的品质（外观和强度）具有决定性的意义。

　　根据国际标准ISO 4916—1991，按机器缝合的情况给出缝型示意图，常用缝型符号如表2-6所列。

表2-6　常用缝型符号

序号	缝型名称	缝型符号
1	平缝	
2	扣压缝	
3	来去缝	

续表

序号	缝型名称	缝型符号
4	折边（卷边）	
5	装拉链	
6	缝裤串带	
7	光滚边	
8	半滚边	
9	织带滚边	
10	搭接缝	
11	内包缝、外包缝	
12	压止口线	
13	三线包缝合缝	
14	五线包缝合缝	
15	合肩	
16	缝单道松紧带	
17	缝双道松紧带	
18	缲边缝	

2. 常用缝型缝纫工艺

由于服饰款式和结构不同，在缝制过程中，会使用不同的缝型进行面料的连接，缝份的宽度也不相同。

（1）平缝。平缝也称合缝。平缝的操作方法是：将两层裁片正面相对重叠，于面料反面缉线缝。平缝的缝型宽一般为0.8~1.2cm，在机缝缝纫工艺中属于最简单、最基本的缝型，如图2-65所示。平缝在操作时，通常要在起始位置缝倒回针，加固缝合部位，防止线头脱散。

平缝常用于各种裁片的合缝，比如上衣的肩缝和侧缝、袖子的内外侧缝、裤子的侧缝和下档缝等部位。

（2）搭缝。搭缝又称骑缝。搭缝的操作方法是：将两层裁片正面朝上，缝头左右叠合，在中间缉一道缝线将其固定，如图2-66所示。

搭缝可以减少缝份的厚度，多用于衬布内部拼接。

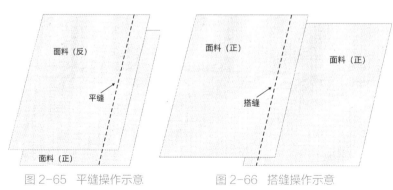

图2-65 平缝操作示意   图2-66 搭缝操作示意

（3）分缉缝。分缉缝的操作方法是：首先平缝，然后将平缝后的缝份从中间分烫，在左右缝份上各缉0.5cm的明线，如图2-67所示。

分缉缝常用于各种裁片合缝后的外装饰线。

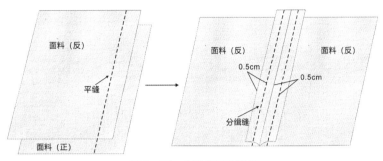

图 2-67　分缉缝操作示意

（4）坐缉缝。坐缉缝的操作方法是：首先平缝，然后将平缝后的缝份倒向一侧并用熨斗烫平，最后在坐倒的缝份正面缉一道明线，如图2-68所示。

坐缉缝常用于裤子侧缝、夹克分割线等部位，起到加固缝份和装饰的作用。

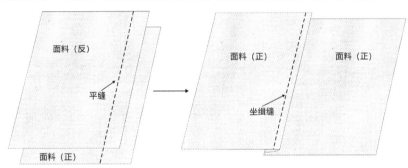

图 2-68　坐缉缝操作示意

（5）扣压缝。扣压缝也称克缝。扣压缝的操作方法是：首先将一裁片按照规定的缝份在正面折光并烫平，然后将它与另一裁片正面相搭合并压缉一道0.1cm的明线，如图2-69所示。

扣压缝多用于衬衫的过肩、贴袋、男裤的侧缝等部位。

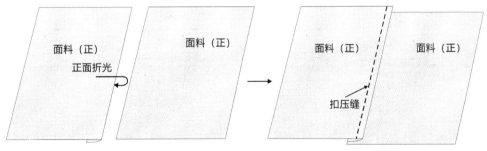

图 2-69　扣压缝操作示意

（6）来去缝。来去缝是指正面不见缉线的缝型。来去缝的操作方法是：首先将裁片反面相对，缉0.3～0.4cm的缝线，然后将缝头修剪整齐，最后将裁片翻转呈正面相对，沿边缉0.7cm的缝份，包住第一次的缝头使其不外露，如图2-70所示。

来去缝适用于缝制细薄面料的服饰，多用于男女休闲衬衫、童装的摆缝、合袖缝等。

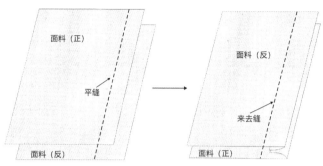

图 2-70　来去缝操作示意

（7）单折边缝。单折边缝的操作方法是：首先将裁片沿边折光缝份的宽度，然后沿折光边压缉一道 0.1～0.2cm 的明线，如图 2-71 所示。

单折边缝常用于各类服饰的底摆、上衣的袖口、裤子的裤口等。

（8）双折边缝。双折边缝的操作方法是：首先将裁片沿边折光 0.7cm 左右，然后沿内侧缝折光 1.5cm，最后沿内侧缝折光压缉一道 0.1cm 的明线，如图 2-72 所示。

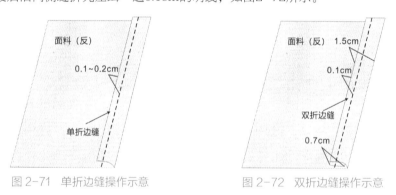

图 2-71　单折边缝操作示意　　　　图 2-72　双折边缝操作示意

双折边缝常用于非透明面料的袖口、下摆、裤口等部位。在服装缝制过程中，由于服装品种和部位不同，其折边的缝份量也不相同，如表 2-7 所列。

表 2-7　常见折边缝份量参考

部位	不同服装折边缝份量
底摆	毛料上衣 4cm，一般上衣 2.5～3.5cm，衬衫 2～2.5cm，大衣 5cm
袖口	一般同底摆相同
裤口	一般 3～4cm
裙下摆	一般 3～4cm
口袋	明贴袋口无袋盖 3.5cm，有袋盖 1.5cm；小袋口无盖 2.5cm，有盖 1.5cm；插袋 2cm
开衩	西装上衣背衩 4cm，大衣 4～6cm，袖衩 2～2.5cm，裙子、旗袍 2～3.5cm
开口	装纽扣或装拉链一般为 1.5～2cm
门襟	3.5～5.5cm

（9）内包缝。内包缝又称反包缝。内包缝的操作方法是：首先将裁片正面相对重叠，然后将下层缝头放出0.6cm包转上层缝头，沿毛边缉一道线，最后将裁片翻到正面坐倒包缝，在裁片正面缉压0.5cm清止口，如图2-73所示。

内包缝的特点是正面可见一条缉缝线，而反面则是两条底线。内包缝常用于中山装、工装裤、牛仔裤等服装的肩缝、袖缝和侧缝等部位。

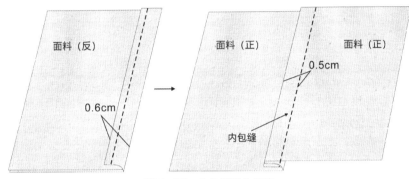

图 2-73　内包缝操作示意

（10）外包缝。外包缝又称正包缝。外包缝的操作方法是：首先将裁片反面相对重叠，然后将下层缝头放出0.8cm包转上层缝头，沿毛边缉一道线，最后将包缝坐倒，在裁片正面缉压0.1cm清止口，如图2-74所示。

外包缝的特点与内包缝相反，正面可见两条缉缝线，一条为面线，另一条为底线，而反面则是一条底线。外包缝常用于夹克衫、风衣、大衣、西裤等。

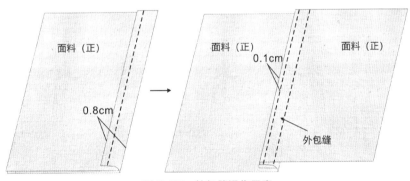

图 2-74　外包缝操作示意

（11）闷缝。闷缝的操作方法有两种：一是首先将一裁片布边扣烫光，并折烫成双层，下层比上层宽0.1cm，然后将包缝料塞进双层面料中，一次成型，如图2-75所示；二是先平缝缉一道，然后将下层裁片的正面翻上来并折光另一裁片，在盖住第一道缝线处沿折边口正面缉明线，如图2-76所示。

闷缝常用于绱领、绱袖克夫、绱裤腰等。

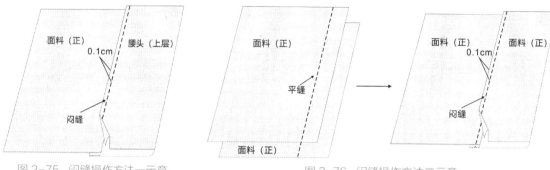

图 2-75　闷缝操作方法一示意　　　　　　　　图 2-76　闷缝操作方法二示意

第三节　手缝、机缝图案设计与工艺制作

在掌握了常用手缝针法与机缝基础缝型的操作方法之后，还要学会运用这些方法来设计图案并缝制。

一、服饰图案概述

（一）图案

1. 图案的含义

《辞海》中对图案有详细的解释：广义上图案是指某种器物的造型结构、色彩及图形构成的设想，并依据材料要求、制作要求、实用功能、审美要求所创作的设计方案，与之相应的英文是"design"；狭义上图案指器物上的装饰图形，相应的英文是"pattern"。

图案教育家、理论家雷圭元先生在《图案基础》一书中，对图案的定义综述为："图案是实用美术、装饰美术、建筑美术方面，关于形式、色彩、结构的预先设计，在工艺材料、用途、经济、生产等条件制约下，制成图样、装饰纹样等方案的通称。"（人民出版社，1963年）

图案也可以通俗地表达为：

图指图形、图像，是表示结果；

案指方法、手段，是创意思维；

图案指用一定的方法和手段形成的图形和图像的总和。

2. 图案的来源

图案是人类活动中的产物，图案的来源大多是前人从考古资料中推测得来的。归纳总结有三种说法：一是功能说，功能是图案产生的原因，图案是一种符号语言，原始人类用图案符号来记录、指引等；二是图腾说，人类的原始宗教信仰成为图案的起源；三是装饰说，人类开始懂得如何装扮自己，就开始促进图案的发展。

（二）服饰图案

1. 服饰图案的概念

服饰图案是指服装及其配件上具有一定图案规律，经过抽象、变化等方法而规则化、定型化的装饰图形纹样。服饰图案一般通过绣、钉、印、染、烫等工艺在服装上制作而成，图案设计应与服装、人体相得益彰。

2. 服饰图案的分类

（1）按空间形态分类。服饰图案按空间形态可分为平面图案和立体图案。平面图案是指面料的图案设计、服装及配饰的平面装饰，如图2-77所示。

立体图案是指立体花、蝴蝶结等各种具有浮雕、立体效果的装饰、缀挂式装饰，如图2-78所示。

图 2-77　平面图案

图片来源：路易威登（LOUIS VUITTON）
2018巴黎春夏时装周

图 2-78　立体图案

图片来源：亚历山大·麦昆（ALEXANDER MCQUEEN）
2018巴黎春夏时装周

（2）按构成形态分类。服饰图案按构成形态可分为点状服饰图案、线状服饰图案、面状服饰图案、综合式服饰图案，如图2-79～图2-82所示。

图 2-79　点状服饰图案

图片来源：高田贤三（KENZO）2019巴黎春夏时装周

图 2-80　线状服饰图案

图片来源：迪奥（DIOR）2018巴黎春夏时装周，路易
威登（LOUIS VUITTON）2018巴黎春夏时装周

图 2-81 面状服饰图案
图片来源：爱马仕（HERMÈS）2018 巴黎春夏时装周，
迪奥 2018 巴黎春夏时装周

图 2-82 综合式服饰图案
图片来源：路易威登 2018 巴黎春夏时装周

（3）按制作工艺分类。服饰图案按制作工艺可分为刺绣服饰图案、拼贴服饰图案、印染服饰图案、编织服饰图案、手绘服饰图案等，如图 2-83 所示。

图 2-83 按制作工艺分类的服饰图案
图片来源：亚历山大·麦昆、路易威登 2018 巴黎春夏时装周

（4）按题材分类。服饰图案按题材可分为抽象服饰图案、具象服饰图案，如图 2-84 所示。

图 2-84 抽象和具象服饰图案
图片来源：巴尔曼（Balmain）、亚历山大·麦昆 2018 巴黎春夏时装周

（5）按内容分类。服饰图案按内容可分为动植物服饰图案、人物服饰图案、几何服饰图案、变异服饰图案，如图 2-85 所示。

图 2-85　按内容分类的服饰图案

图片来源：2019 春夏高级成衣

3. 服饰图案的意义与作用

（1）服饰中的图案起到标志作用，具有强烈的象征意义，同时，图案提升了服饰的附加值。以路易威登为例，2017 年 6 月 6 日，"2017 年 BRANDZ 全球最具价值品牌 100 强"公布，路易威登名列第 29 位。路易威登的品牌标志（图 2-86）经常被用作该品牌的服饰图案，消费者看到这个图案就能认出品牌，并接受该品牌的高价位。

（2）服饰中的图案起到表达个性的作用。以 PROD Bldg 品牌为例，该品牌以 T 恤、卫衣等休闲装为主，服装款式简约，特色和亮点在图案设计上，其图案主要是二次元的文字和卡通图案，这类图案能满足消费者追求个性的审美。图 2-87 所示为 PROD 一款趣味搞怪卡通情侣装，女款卫衣的图案为小女孩询问"DOG？"，男款的卫衣图案是一条狗加上文字"汪"，有"在这"的意思。如果没有图案，这只是一款普通的情侣装，但加上这个趣味搞怪的图案之后，就会成为个性青年的选择。

图 2-86　路易威登品牌标志

图 2-87　趣味搞怪卡通图案

（3）服饰中的图案有传达对美好事物向往的作用。以东北虎（NE·TIGER）品牌为例，该品牌以华服、婚纱、礼服为主，其华服的图案设计以带有吉祥寓意的中国元素为主。如图2-88为东北虎2014华服大片，服装中出现祥云纹，祥云指象征祥瑞的云气，传说中神仙所驾的彩云，祥云图案在中国已有几千年的时间跨度，是具有代表性的中国文化符号，设计师在服装的领部、肩部、裙摆等部位，运用对称的设计手法设计了升腾灵动的祥云图案，以此来体现和谐共融、大吉大利的寓意。

图2-88 吉祥寓意的服饰图案

图片来源：东北虎2014华服大片

二、手缝图案设计与工艺制作

（一）手缝图案设计步骤

1. 准备绘画材料

在进行图案设计之前，先要准备好绘画材料，主要有水彩颜料、水粉颜料、彩铅、马克笔等绘画颜料；铅笔、针管笔、勾线笔、毛笔等画笔；A4纸、拷贝纸、水彩纸等纸张。此外，还需准备圆规、直尺、曲线板、调色盘、橡皮等其他工具和材料。

2. 绘制草图

草图根据选定的设计主题来绘制，首先进行图案的临摹或写生，然后进行变形设计。

（1）图案临摹与图案写生。按照原作仿制绘画作品的过程叫作临摹。临，是照着原作画；摹，是用薄纸蒙在原作上面画。临摹是为了学习技法，侧重过程。写生是直接以实物或风景为对象进行描绘的作画方式。写生并不是对客观对象的机械复制，而是带有主观性的去芜存菁，强调视觉中心的物象，弱化其他视觉因素，形成有主次强弱、大小疏密变化的画面。

（2）变形设计。变形是指将自然形态转变为艺术形态的过程，在这一步骤中要把通过写生所采集的创作素材加工为装饰性的艺术形态。图案的变形手法有做加法和做减法两种。做加法，是将简单的形态复杂化、将平直的形态曲线化、将日常的形态夸张化、将疏松的形态繁密化、将平凡的形态寓意化。图2-89中，给马添加翅膀和角，不仅使原本单一的形象变得丰富，给平凡的形象添加了神秘色彩和趣味性，这种充满浪漫主义的想象更创造了一种新的形象，如独角兽、龙凤等象征吉祥的形象也是将各种动物的特征拼接相加而成的。做减法，是对形态的简化、归

纳、提炼和概括，去除烦琐的细节，保留
和突出形态的主要特征，点连为线、线归
为面、化曲为直、化繁为简，使自然形态
更加简练。图2-90中，毕加索数年间不断
在牛的形象上做减法，由最初的客观写生，
逐渐简化、提炼到只用几根线条来表现，
却依然保留了牛的基本特征。

图2-89 变形设计——做加法

图2-90 变形设计——做减法

以水仙花的花冠为例进行变形设
计，如图2-91（a）是用减法将花冠的
形态几何化、简练化；图2-91（b）是
用加法丰富了花冠单调的形态。

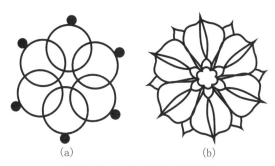

(a)   (b)

图2-91 水仙花冠的变形设计

3. 绘制效果图

对草图进行修改确认后，依据草
图的素材创作出完整的图案作品，并
根据图案的风格和使用对象选择适当
的表现技法和手缝缝型，绘制时注意
画面的整洁度。图2-92～图2-94为
几个手缝图案设计效果图。

图2-92 手缝图案设计效果图一（作者：刘琰）

图 2-93　手缝图案设计效果图二（作者：刘乐乐）

图 2-94　手缝图案设计效果图三（作者：李佳佳）

（二）手缝图案缝制步骤

1. 准备缝制材料与工具

在进行手缝图案缝制前，首先需要准备以下材料和工具：白坯布（绣布）、绣绷、手缝针、缝纫线（绣线）、拷贝纸、铅笔、橡皮等。

2. 描图

将设计好的手缝图案拓印到绣布上，常用的描图方法有：利用室外光线，将绘制好的图纸贴在玻璃窗上，布贴在纸上，慢慢耐心地描；另一种方法是将图案拷贝到拷贝纸上，再拓印到布上。描图的时候需注意铅笔印子宜浅不宜深，手缝的时候要用线盖住描图的笔迹。

3. 绷布

描图完成后，将布绷到绣绷上。在绷布的时候需注意布的松紧，如果绷得太紧，手缝完以后，把布取下来，图案会起皱不平整。绷布时只需将布轻轻地放在绷子上，再套好外绷，扭紧即可，以手缝针能轻松出入为宜。

4. 手缝

布绷好之后，根据设计的手缝缝型进行缝制。缝制过程中要熟悉不同的缝型缝制方法，细心并有耐心地缝制，如果缝制过程中出现明显的针法错误，要拆掉重新缝制，以免影响最后的成品效果。

5. 整烫

缝制完成后，将绣布从绣绷上取下，用熨斗轻轻地按压式熨烫，切忌来回推着熨烫，将立体的图案熨平，影响作品的效果。

（三）手缝图案欣赏

1. 植物花卉题材

图2-95～图2-97为几个手缝植物花卉图案。

图2-95　手缝植物花卉图案一（作者：刘乐乐）

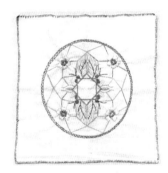

图2-96　手缝植物花卉图案二（作者：李佳佳）

图2-97　手缝植物花卉图案三（作者：曹梦丹）

2. 动物题材

图2-98～图2-100为几个手缝动物题材图案。

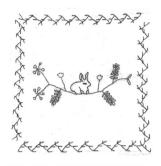

图 2-98　手缝动物题材图案一
（作者：杨天思）

图 2-99　手缝动物题材图案二
（作者：刘娟）

图 2-100　手缝动物题材图案三（作者：刘琰）

3. 几何图案

图 2-101 ～图 2-103 为几个手缝几何图案。

图 2-101　手缝几何图案一（作者：刘光辉）

图 2-102　手缝几何图案二
（作者：王映凡）

图 2-103　手缝几何图案三
（作者：周芳香）

三、机缝图案设计与工艺制作

（一）机缝图案设计步骤

1. 准备绘画材料并绘制草图

在绘制机缝图案草图时，需要考虑到机缝操作的工艺难度，一般机缝图案不宜太过复杂，不宜有过多短的直线和曲线。机缝图案主要包括有动植物题材图案、人物题材图案和几何图案这三类。

图 2-104 机缝图案设计效果图一（作者：李佳佳）

2. 绘制效果图

对草图进行修改确认后，依据草图的素材创作出完整的图案作品，并根据图案的风格和使用对象选择适当的表现技法和机缝线迹，绘制时注意画面的整洁度。图 2-104 ～图 2-106 为几个机缝图案设计效果图。

图 2-105 机缝图案设计
效果图二（作者：刘颖）

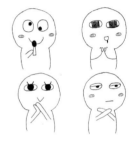

图 2-106 机缝图案设计
效果图三（作者：嵇蓉蓉）

（二）机缝图案缝制步骤

1. 准备缝制材料和工具

在进行机缝图案缝制前，首先需要准备以下材料和工具：白坯布、缝纫机、缝纫线、剪刀、拷贝纸、铅笔、橡皮等。

2. 描图

将设计好的机缝图案拓印到绣布上，描图方法同手缝图案的描图，描图时需注意铅笔印子宜浅不宜深，机缝的时候要用线盖住描图的笔迹。

3. 机缝

根据设计的机缝图案进行缝制。缝制过程中要熟练操控缝纫机，细心并有耐心地缝制，如果缝制过程中出现明显的错位线迹，要拆掉重新缝制，以免影响最后的成品效果。如果机缝图案中出现不宜机缝的细节图案，可以结合手缝来缝制。

4. 整烫

缝制完成后，用熨斗轻轻地按压式熨烫，切忌来回推着熨烫，将立体的图案熨平，影响作品的效果。

（三）机缝图案欣赏

1. 动植物题材图案

图 2-107、图 2-108 为机缝动植物图案。

2. 人物题材图案

图 2-109、图 2-110 为机缝人物图案。

3. 几何图案

图 2-111、图 2-112 为机缝几何图案。

图 2-107 机缝动植物图案一
（作者：李佳佳）

图 2-108 机缝动植物图案二
（作者：方芳）

图 2-109 机缝人物图案一
（作者：刘乐乐）

图 2-110 机缝人物图案二
（作者：嵇蓉蓉）

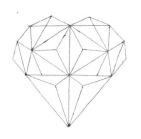

图 2-111 机缝几何图案一
（作者：刘乐乐）

图 2-112 机缝几何图案二
（作者：毕馨）

思考与练习

1. 简述熨烫基本条件。
2. 简述手缝针法的种类及其操作方法。
3. 简述机缝针法的种类及其操作方法。
4. 简述服饰图案的种类。
5. 运用手缝针缝制各类手缝针法样品。
6. 运用平缝机缝制各类机缝缝型样品。
7. 设计三款手缝图案并缝制。
8. 设计三款机缝图案并缝制。

第三章
配饰工艺步骤解析

配饰（accessory）一词是具有附属或补助性附带含义的词汇。服饰配件是和衣服一样在人身上穿戴或装饰人体的东西，既为了整体服装搭配的需要，又是服装的附属品。有效利用服饰配件可以点缀服装或改变服装的式样，起到增加整体美感的作用。服饰配件包括：耳饰、项链、手链、胸针、手表、帽子、手包、袜子、鞋子、腰带、围巾、手帕、扣子、徽章、拉链等。

本章节所涉及的配饰包括立体口罩、布艺小球耳饰、零钱包、单肩布包、水桶包等，每节讲解一种配饰，从配饰的款式设计、纸样设计、面料裁剪、具体缝制工艺步骤等几个方面进行详细介绍。

第一节　立体口罩缝制工艺

世界上最先使用口罩的国家是中国，马可·波罗在他的《马可·波罗游记》一书中，记述了他生活在中国十七年的见闻，其中一条"在元朝宫殿里，献食的人，皆用绢布蒙口鼻，俾其气息，不触饮食之物"，这样的蒙口鼻的绢布，也就是原始的口罩。口罩的功能从最初的为了防止气息传到皇帝的食物上，发展到防止细菌感染而成为大众生活必需品。现如今，人们佩戴口罩的时间和场合越来越多，慢慢地口罩日渐成为一种时尚配件，设计口罩时除了追求其抗菌防霾的功能性之外，也更重视其外观造型设计和图案设计。

一、样板制作

在进行立体口罩裁剪和缝制之前，先要进行立体口罩样板制作。

（一）款式设计

1. 平面款式图

图 3-1 为立体口罩平面款式图。

2. 款式说明

该款立体口罩造型简单，有内衬，两侧有松紧带，口罩具有保暖、防尘的作用。

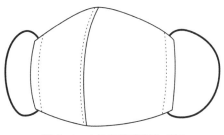

图 3-1　立体口罩平面款式图

（二）纸样设计

1. 尺寸规格设计

表3-1为本款立体口罩的尺寸规格设计表格。

表 3-1　立体口罩的尺寸规格设计

单位：cm

长	宽	橡皮筋长
16.5	12.5	35

2. 平面结构制图

图3-2为本款立体口罩的平面结构图。

制图步骤为：

①画出口罩裁片，长8.25cm，宽12.5cm；

②画口罩两侧贴边长1.5cm。

3. 立体口罩的工业样板制作

口罩裁片除了两侧放缝份2.5cm，其余三边都放缝份1cm，如图3-3所示。

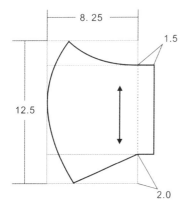

图 3-2　立体口罩的平面结构图（单位：cm）

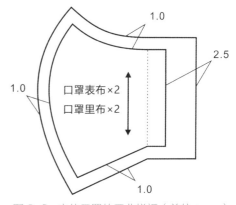

图 3-3　立体口罩的工业样板（单位：cm）

二、面料裁剪

立体口罩样板制作完成之后，要进行面料的裁剪。

（一）材料

立体口罩制作材料主要包括面料和辅料，如图3-4所示。

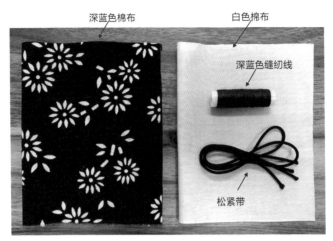

图 3-4　立体口罩制作材料

1. 面料

口罩面料选用深蓝色棉布，尺寸为 15cm×27cm；里布选用白色棉布，尺寸为 15cm×27cm。

2. 辅料

松紧带2根，长度为80cm；深蓝色缝纫线1卷。

（二）裁剪

1. 整布

在进行裁剪时，需要将面料进行整烫预缩，烫平折皱部位，同时也对面料进行瑕疵检查，如有瑕疵点，在下一步排料的时候需规避瑕疵点。

2. 排料

面料门幅90cm，经过排料，用料15cm；里布门幅90cm，经过排料，用料15cm。如图3-5所示。

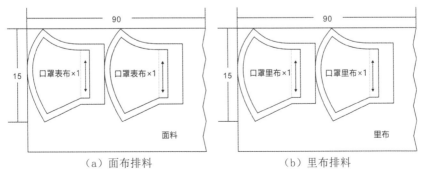

（a）面布排料　　　　　　　　　（b）里布排料

图 3-5　立体口罩排料（单位：cm）

3. 裁剪

排料完成之后，用划粉按照工业样板外轮廓进行描边，然后沿着划粉的描边线用裁缝剪将裁片剪下，注意裁剪时裁片边缘要光滑，不能出现毛边或锯齿形。裁片有：口罩面2片、口罩里2片，如图3-6所示。

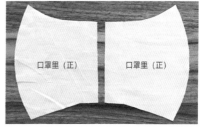

（a）口罩面　　　　　　　　　　　　　　　　　（b）口罩里

图3-6　立体口罩裁片

4. 做记号

在口罩面和口罩里裁片两侧折边处用划粉做记号或打线丁，如图3-7所示。

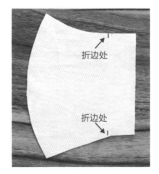

（a）口罩面（反）　　　　　　　　　　　　　（b）口罩里（反）

图3-7　立体口罩做记号

三、立体口罩缝制工艺步骤

立体口罩缝制的工艺流程是：缝合中缝→缝合表布和里布→装松紧带→整烫。具体制作过程如下。

（一）缝合中缝

1. 缝合口罩面中缝

① 将口罩面2块裁片正面相对，重叠并对齐，用疏缝的方法暂时固定中缝，然后用平缝机缉1cm缝份，起止位置缝倒回针。

② 将缝份倒向一侧，用熨斗将缝份烫平，表面无折皱。

③ 在口罩表面中缝处，缉0.1cm明线，起止位置缝倒回针，如图3-8所示。

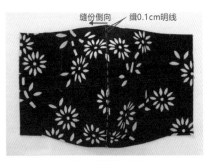

（a）口罩面（反）　　　　　　　　　　（b）口罩面（正）

图 3-8　缝合口罩面中缝

2. 缝合口罩里中缝

口罩里中缝的缝合方法同口罩面的缝合方法一致，区别在于口罩里的缝份倒向另一侧，如图3-9所示。

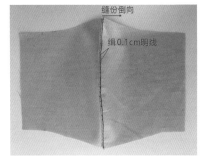

（a）口罩里（反）　　　　　　　　　　（b）口罩里（正）

图 3-9　缝合口罩里中缝

（二）缝合表布和里布

1. 缝合口罩面和口罩里

先将口罩面的正面与口罩里的正面按中缝对齐重叠，用疏缝的方法暂时固定口罩上下口的缝份，然后用平缝机缉 0.8cm 明线，起止位置缝倒回针，最后拆除疏缝线并熨烫平整，缝份倒向中间，如图 3-10 所示。

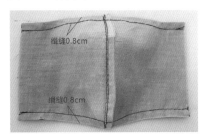

（a）口罩里（反）　　　　　　　　　　（b）口罩面（反）

图 3-10　缝合口罩面和口罩里

2.翻折口罩面布和里布

将口罩面布和口罩里布翻出，面布比里布宽 0.1cm，如图 3-11 所示。

3.熨烫

用熨斗压烫表布缝份处，使之烫平、烫实、无褶皱，如图 3-12 所示。

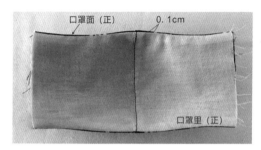

图 3-11　翻折口罩面布和里布　　　　　　　　图 3-12　熨烫

（三）装松紧带

1.做折边

将口罩里布朝上，两边侧缝折出折边，先折 1.0cm，再折 1.5cm，折边宽 1.5cm，用疏缝的方法暂时固定折边，然后缉缝 0.1cm 明线，最后拆除疏缝线，并熨烫平整，如图 3-13 所示。

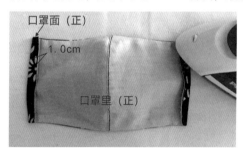

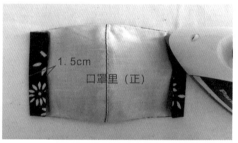

（a）侧缝折边 1cm　　　　　　　　　　　（b）侧缝再折 1.5cm

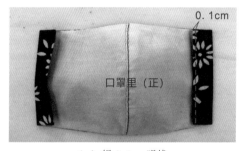

（c）缉 0.1cm 明线　　　　　　　　　　　（d）口罩正面缉线图

图 3-13　做折边

2. 穿松紧带

首先将松紧带穿进折边，然后打结固定，最后将结头塞进折边，如图 3-14 所示。

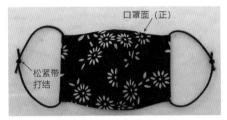

（a）松紧带穿入折边并打结正面图

（b）松紧带穿入折边并打结反面图

（c）松紧带结头塞进折边正面图

（d）松紧带结头塞进折边反面图

图 3-14　穿松紧带

（四）立体口罩整烫工艺

立体口罩制作完成之后，用熨斗进行整烫，整烫要求布面平整、无折皱，不出现烫黄、变色、"极光"等现象。立体口罩成品如图 3-15 所示。

（a）立体口罩成品图

（b）立体口罩佩戴图

图 3-15　立体口罩成品

第二节　布艺小球耳饰缝制工艺

耳饰是佩戴在耳朵上的饰品，男性和女性均可佩戴。耳饰的材质有金属、宝石、木头或其他相似的硬物料。耳饰主要包括耳坠、耳环、耳钉三种。耳坠指带有下垂饰物的耳饰；耳环透过一个在耳珠内的穿洞来勾住耳朵；耳钉是耳朵上的一种饰物，比耳环小，形如钉状。其中耳环和耳坠是最能体现女性美的重要饰物之一，通过耳环和耳坠的款式、长度和形状的正确运用，来调节人们的视觉，达到美化形象的目的。

一、样板制作

在进行布艺小球耳饰的裁剪和缝制之前，先要进行布艺小球耳饰的样板制作。

（一）款式设计

1. 平面款式图

图 3-16 为布艺小球耳饰的平面款式图。

2. 款式说明

该款布艺小球耳饰造型可爱，共由 24 块布料拼接而成，小球内由棉花填充，轻盈而有弹性，采用 925 银防过敏环形耳钩，佩戴方便。

图 3-16 布艺小球耳饰款式图

（二）纸样设计

1. 尺寸规格设计

表 3-2 为本款布艺小球耳饰的尺寸规格设计表格。

表 3-2 布艺小球耳饰的尺寸规格设计

单位：cm

布艺小球直径	挂绳长	耳钩长
3	5	1.9

2. 平面结构制图

绘制一个边长为 1.8cm 的五边形，作为小球的其中一个面，如图 3-17 所示。

3. 布艺小球的工业样板制作

五边形四周都放缝份 0.7cm，如图 3-18 所示。

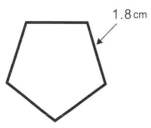

1.8 cm

图 3-17 布艺小球平面结构图

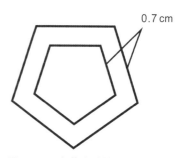

0.7 cm

图 3-18 布艺小球的工业样板

二、面料裁剪

（一）材料

布艺小球耳饰的制作材料主要包括面料和辅料，如图 3-19 所示。

1. 面料

布艺小球面料选用四种不同颜色的棉布，每种颜色面料尺寸为15.5cm×7cm。

2. 辅料

布艺小球耳饰辅料包括棉花适量，耳钩 1 对，缝纫线适量。

（二）裁剪

1. 整布

在进行裁剪时，需要将面料进行整烫预缩，烫平折皱部位，同时也对面料进行瑕疵检查，如有瑕疵点，在下一步排料的时候需规避瑕疵点。

2. 排料

布艺小球排料如图 3-20 所示。

3. 裁剪

排料完成之后，用划粉按照工业样板外轮廓进行描边，然后沿着划粉的描边线用裁缝剪将裁片剪下，注意裁剪时裁片边缘要光滑，不能出现毛边或锯齿形。布艺小球五边形面24片，如图 3-21 所示。

（a）不同图案的面料

（b）棉花与耳钩

（c）缝纫线

图 3-19　布艺小球耳饰制作材料

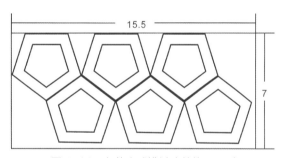

图 3-20　布艺小球排料（单位：cm）

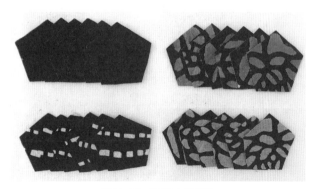

图 3-21　布艺小球裁片

4. 做记号

在布艺小球五边形裁片开口位置处用划
粉做记号或打线丁，如图3-22所示，左图标
记"○"和"☆"为半球开口边，右图标记
"○"和"☆"为另一半球的开口边。

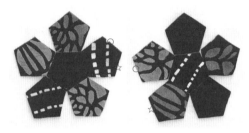

图3-22 布艺小球做记号

三、布艺小球耳饰缝制工艺步骤

布艺小球耳饰缝制工艺流程：缝半球形状→缝合半球→填充棉花→缝合开口→整烫。具体制
作过程如下。

（一）缝半球形状

1. 疏缝缝份

将24块五边形裁片按图3-23位置摆放，每6块五边形裁片可制作成一个半球形状，每两个
半球可制成一个布艺小球。将五边形裁片正面相对重叠，缝份对齐，然后开始用手缝针在缝份处
进行疏缝。疏缝顺序为：以其中一个五边形为中心，将它的5条边分别与其他5个五边形连接缝
合，如图3-24（a）所示，再将这5个五边形相邻的边缝合，如图3-24（b）、（c）所示。

（a）第一个小球裁片摆放　　　　　（b）第二个小球裁片摆放

图3-23 裁片位置摆放

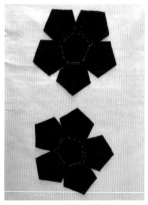  

（a）疏缝五边形　　　　（b）疏缝五边形相邻的边　　　　（c）半成品

图3-24 疏缝裁片缝份

2. 机缝缝份

沿缝份缉 0.7cm 明线，起止位置缝倒回针，如图 3-25 所示。

（a）缉 0.7cm 明线 　　　　　　　　　　　（b）布艺半球翻折图

图 3-25　机缝缝份

3. 熨烫

将半球翻至正面，用熨斗烫分开缝，使之烫平、烫实，如图 3-26 所示。

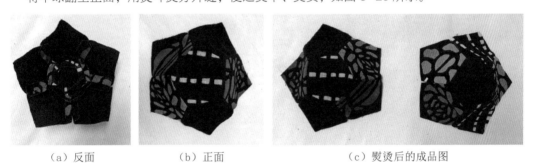

（a）反面　　　　　　（b）正面　　　　　　（c）熨烫后的成品图

图 3-26　熨烫

（二）缝合半球工艺

1. 疏缝缝份

将两个半球形疏缝固定，留出开口位置，如图 3-27 所示。

（a）疏缝两个布艺半球　　　　　　　（b）留出开口位置

图 3-27　疏缝半球缝份

2. 机缝缝份

沿缝份缉 0.7cm 明线，起止位置缝倒回针，如图 3-28 所示。

3. 熨烫

将布艺小球翻至正面，用熨斗烫分开缝，使之烫平、烫实，如图 3-29 所示。

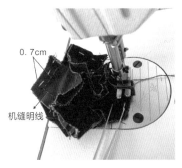

图 3-28　机缝半球缝份　　　　　　　　图 3-29　熨烫布艺小球

4. 填充棉花

将适量棉花填充至小球内，如图 3-30 所示。

（a）布艺小球与棉花　　　　　　　　（b）棉花填充进布艺小球

图 3-30　填充棉花

5. 缝合开口

用手缝针缝合开口，采用暗缲针，并整烫布艺小球，如图 3-31 所示。

（a）布艺小球成品与手缝针　　　（b）缝合开口　　　（c）布艺小球成品图

图 3-31　缝合开口

（三）布艺小球耳饰成品

1. 拉线襻、挂耳钩

在布艺小球上拉一条线襻，长5cm，与耳钩连接起来，如图3-32所示。

2. 成品展示

布艺小球耳饰成品如图3-33所示。

（a）拉线襻——起针

（b）形成一段线襻

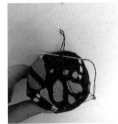

（c）拉线襻——收尾

（d）挂耳钩

图3-32　拉线襻、挂耳钩

图3-33　布艺小球耳饰成品

第三节　零钱包缝制工艺

零钱包是钱包的一种款式，其款式多种多样。零钱包小巧轻便，主要用于存放手机、钥匙、零钱、银行卡等小物件，实用性强。

一、样板制作

在进行零钱包裁剪和缝制之前，先要进行零钱包的样板制作。

（一）款式设计

1. 平面款式图

图3-34为零钱包平面款式图。

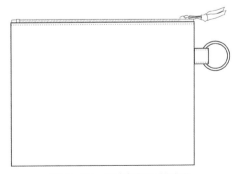

图3-34　零钱包平面款式图

2. 款式说明

该款零钱包简洁、实用，袋口装拉链，零钱包无内衬、无内袋，侧缝有手拎环，容量大小可放手机、钥匙、眼镜盒等。

（二）纸样设计

1. 尺寸规格设计

表3-3为本款零钱包的尺寸规格设计表格。

表3-3　零钱包的尺寸规格设计

单位：cm

袋身长	袋身高
21	16

2. 平面结构制图

图3-35为零钱包平面结构图。

制图步骤为：

① 画出零钱包袋身，长32cm，宽21cm；

② 画袋襻，长5.5cm，宽2.4cm。

3. 零钱包的工业样板制作

零钱包袋身和袋襻四周都放缝份1cm，如图3-36所示。

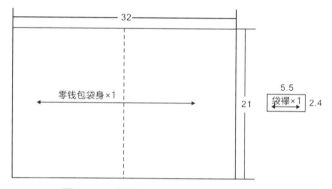

图3-35　零钱包平面结构图（单位：cm）

二、面料裁剪

零钱包样板制作完成之后，要进行面料的裁剪。

（一）材料

零钱包制作材料主要包括面料和辅料，如图3-37所示。

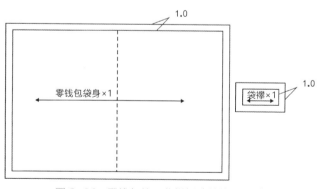

图3-36　零钱包的工业样板（单位：cm）

1. 面料

零钱包面料选用条纹粗棉布（老粗布），尺寸为34cm×23cm。

图 3-37　零钱包制作材料

2. 辅料

辅料包括：无纺布黏合衬，尺寸为23cm×4cm；卡其色拉链1条，长20cm；金属手拎环1个，直径3cm；深蓝色缝纫线1卷。

（二）裁剪

1. 整布

在进行裁剪时，需要将面料进行整烫预缩，烫平折皱部位，同时也对面料进行瑕疵检查，如有瑕疵点，在下一步排料的时候需规避瑕疵点。

2. 排料

老粗布门幅 45cm，经过排料，用料 23cm，如图 3-38 所示。

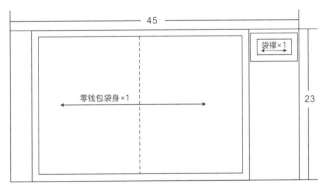

图 3-38　排料（单位：cm）

3. 裁剪

排料完成之后，用划粉按照工业样板外轮廓进行描边，然后沿着划粉的描边线用裁缝剪将裁片剪下，注意裁剪时裁片边缘要光滑，不能出现毛边或锯齿形。裁片有零钱包袋身1片、袋襻1片，如图3-39所示。

4. 做记号

在袋身右侧侧缝处，距离袋口4cm处装袋襻位置用划粉做记号或打线丁，如图3-40所示。

（a）袋身裁片　　（b）袋襻
图3-39　零钱包裁片

图3-40　做记号

三、零钱包缝制工艺步骤

零钱包缝制的工艺流程是：绱拉链→做袋襻→缝侧缝→整烫。具体制作过程如下。

（一）裁片烫衬、锁边

1. 烫衬

烫衬部位：袋身袋口折边1cm、袋襻，如图3-41所示。

2. 锁边

袋口锁边如图3-42所示，其他需锁边部位在缝制过程中操作完成。

（a）袋口锁边

图3-41　烫衬

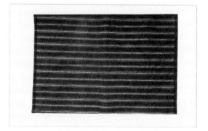

（b）袋身裁片正面图
图3-42　锁边

（二）绱拉链缝制工艺

1. 疏缝拉链

① 将拉链反面朝上，与袋口对齐，拉链尾部与袋身侧缝对齐，然后开始进行疏缝，如图 3-43 所示。

② 在缝制拉链头时，将拉链头部折成三角后再进行疏缝，如图 3-44 所示。

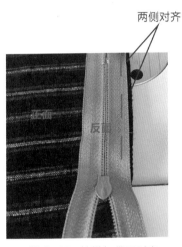

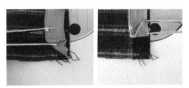

（a）将拉链头部折成三角

（b）疏缝拉链与袋身袋口

图 3-43　拉链与袋口对齐　　　　图 3-44　疏缝拉链

2. 机缝拉链

① 将工业用单针平缝机压脚换成单边压脚，便于缝制拉链，如图 3-45 所示。

② 将拉链和袋身翻至正面，沿着袋口 1cm 折边熨烫平整，然后在袋口处绲 0.1cm 明线，起止位置缝倒回针，如图 3-46 所示。

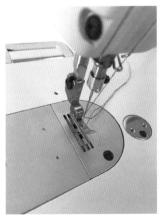

（a）正面　　　　（b）反面

图 3-45　换单边压脚　　　　图 3-46　固定一侧拉链与袋身

③ 绱拉链时，先完成一侧拉链，再绱另一侧拉链，如图 3-47 所示。

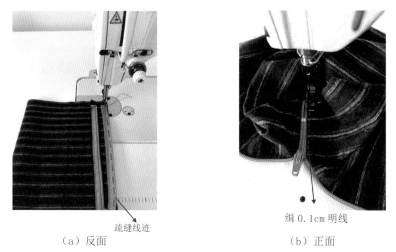

（a）反面   （b）正面

图 3-47　绱另一侧拉链

（三）零钱包袋身缝制工艺

1. 做袋襻

用闷缝的方法来制作袋襻：首先将袋襻裁片一边的布边扣烫光，并折烫成双层，下层比上层宽0.1cm；然后在上层两侧布边处缉0.1cm明线，袋襻成品长5.5cm，宽1.2cm；最后整烫袋襻，使袋襻烫平、烫实，如图3-48所示。

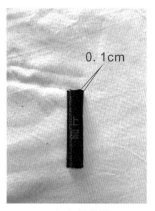
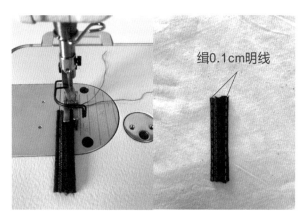

（a）扣烫袋襻   （b）缉 0.1cm 明线

图 3-48　做袋襻

2. 绱袋襻

将袋襻对折，放置在袋身正面侧缝处，开口处与侧缝齐平，并对准记号处，如图3-49（a）所示；然后沿侧缝缉0.5cm明线，如图3-49（b）所示。

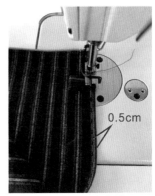

（a）标记袋襻位置　　　　　　　　　　（b）缝合固定袋襻

图 3-49　绱袋襻

3. 缝合侧缝

首先将袋身片正面相对，拉链口、侧缝对齐，用手缝针将侧缝疏缝固定；然后用平缝机缉侧缝，缝份1cm，起止口缝倒回针；最后拆除疏缝线，侧缝锁边，如图3-50所示。

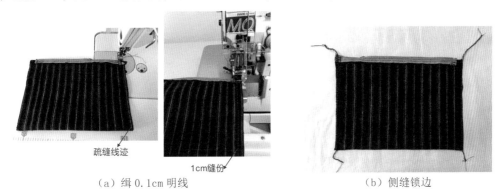

（a）缉0.1cm明线　　　　　　　　　　　　　　（b）侧缝锁边

图 3-50　缝合侧缝

（四）零钱包整烫工艺

零钱包制作完成之后，用熨斗进行整烫，整烫要求布面平整、无折皱，不出现烫黄、变色、"极光"等现象。整烫完成之后将手拎环装入袋襻中，零钱包制作完成，如图3-51所示。

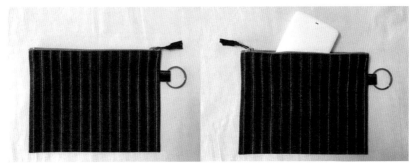

图 3-51　零钱包成品

图 3-52 ～图 3-56 为几款零钱包作品。

图 3-52　零钱包作品一（作者：毕馨）

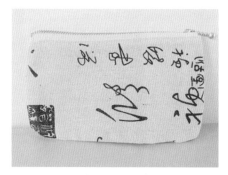

图 3-53　零钱包作品二（作者：赵晴）

图 3-54　零钱包作品三
（作者：方芳）

图 3-55　零钱包作品四
（作者：李佳佳）

图 3-56　零钱包作品五
（作者：周芳香）

第四节　单肩布包缝制工艺

单肩包是指单边肩膀受力的包，可分为单肩挎包和斜挎包。单肩包的主要材质有帆布、棉麻、化纤、尼龙、PVC（聚氯乙烯）、革、真皮等。本节主要讲解单肩布包的缝制工艺。

一、样板制作

在进行单肩布包的裁剪和缝制之前，先要进行单肩布包的样板制作。

（一）款式设计

1. 平面款式图

图 3-57 为单肩布包的正、反平面款式图。

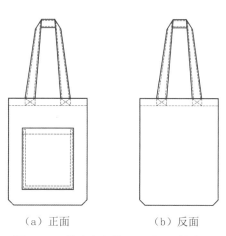

（a）正面　　　　　（b）反面

图 3-57　单肩布包的正、反平面款式图

2. 款式说明

该款单肩布包简单、大气，正面有贴袋，共两根肩带，袋口无磁扣、无拉链，布包无内衬、无内袋，只可单肩背或手提，可正反背，容量大小可放入 A4 大小书本、13 寸笔记本、平板电脑等。

（二）纸样设计

1. 尺寸规格设计

表 3-4 为本款单肩布包的尺寸规格设计表格。

表 3-4　单肩布包的尺寸规格设计

单位：cm

袋身长	袋身高	袋身宽	肩带周长	肩带宽	贴袋长	贴袋宽
32	42	3	83	3.5	24	20

2. 平面结构制图

图 3-58 为单肩布包的平面结构图。

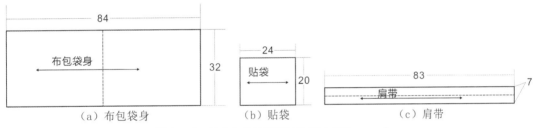

图 3-58　单肩布包的平面结构图（单位：cm）

制图步骤为：

① 画出单肩布包袋身，长84cm，宽32cm；

② 画贴袋，长24cm，宽20cm；

③ 画肩带，长 83cm，宽 7cm。

3. 单肩布包的工业样板制作

单肩布包袋口和贴袋袋口放缝份 4cm，其余放缝份 1cm，如图 3-59 所示。

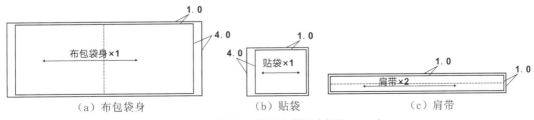

图 3-59　单肩布包的工业样板（单位：cm）

二、面料裁剪

单肩布包样板制作完成之后，要进行面料的裁剪。

（一）材料

单肩布包制作材料主要包括面料和辅料，如图3-60所示。

1.面料

单肩布包面料选用条纹粗棉布（老粗布），尺寸为92cm×34cm。

2.辅料

辅料包括：无纺布黏合衬，尺寸为85cm×26cm；深蓝色缝纫线1卷。

（二）裁剪

（a）条纹粗棉布和缝纫线　　（b）无纺布黏合衬

图3-60　单肩布包制作材料

1.整布

在进行裁剪时，需要将面料进行整烫预缩，烫平折皱部位，同时也对面料进行瑕疵检查，如有瑕疵点，在下一步排料的时候需规避瑕疵点。

2.排料

老粗布门幅45cm，经过排料，用料170cm，如图3-61所示。

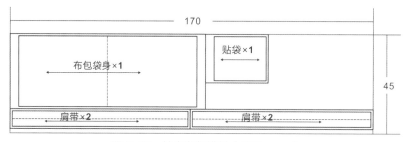

图3-61　单肩布包排料（单位：cm）

3.裁剪

排料完成之后，用划粉按照工业样板外轮廓进行描边，然后沿着划粉的描边线用裁缝剪将裁片剪下，注意裁剪时裁片边缘要光滑，不能出现毛边或锯齿形。裁片有布包袋身1片、贴袋1片、肩带2片，如图3-62所示。

图 3-62　单肩布包裁片

4. 做记号

在距离袋身袋口 4cm 折边处、贴袋口 4cm 折边处用划粉做记号或打线丁；在布包袋身装贴袋位置用划粉做记号或打线丁，如图 3-63 所示。

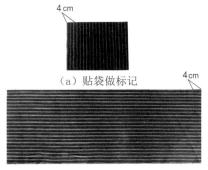

（a）贴袋做标记

（b）袋身袋口做标记

（c）袋身贴袋位置做标记

图 3-63　贴袋做记号

三、单肩布包缝制工艺步骤

单肩布包缝制的工艺流程为：做贴袋→绱贴袋→缝侧缝→做肩带→绱肩带→整烫。具体制作过程如下。

（一）裁片烫衬、锁边

1. 烫衬

烫衬部位有袋身袋口折边、贴袋袋口折边、肩带，如图 3-64 所示。

（a）袋身袋口烫衬

（b）贴袋袋口烫衬

（c）肩带烫衬

图 3-64　烫衬

2. 锁边

锁边部位有袋身侧缝、袋口锁边，如图 3-65 所示，其他需锁边部位在缝制过程中操作完成。

（a）侧缝、袋口锁边 　　　　　　　　（b）袋身反面

图 3-65　锁边

（二）贴袋缝制工艺

1. 做贴袋

① 扣烫贴袋口 4cm 折边，并在边缘 0.5cm 的位置缉一道缝线，如图 3-66 所示。

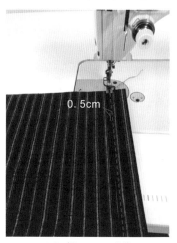
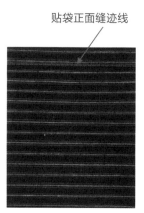

贴袋正面缝迹线

（a）缉 0.5cm 明线 　　　　　　　　（b）贴袋正面

图 3-66　扣烫贴袋口并缉缝

② 使用贴袋扣烫板扣烫贴袋两侧及下端缝份，如图 3-67 所示。

（a）扣烫板放置在贴袋后面　　　（b）扣烫贴袋两侧及下端缝份　　　（c）贴袋正面

图3-67　扣烫贴袋两侧和下端缝份

2. 绱贴袋

① 用手缝针采用疏缝的方法将贴袋正面
朝上固定在布包袋身正面，注意袋身的对位记
号，如图3-68所示。

② 在贴袋布边缘缉0.1cm明线和0.6cm
明线，在袋口两侧连续缝针不断开，最后将疏
缝线拆除，如图3-69所示。

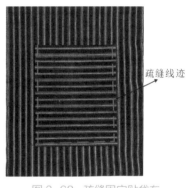

图3-68　疏缝固定贴袋布

（a）缉0.1cm明线　　　（b）缉0.6cm明线　　　（c）贴袋实物图

图3-69　机缝贴袋布

（三）布包袋身缝制工艺

1. 缝合侧缝

首先将袋身片正面相对，对折使袋口齐平、侧缝对齐，用手缝针将侧缝疏缝；然后用平缝机
缉侧缝，缝份1cm，起止口缝倒回针；最后拆除疏缝线，并用熨斗烫分开缝，如图3-70所示。

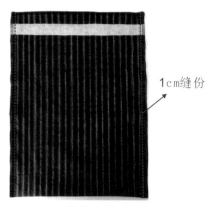

1cm缝份

疏缝线迹

（a）侧缝缉 0.1cm 明线　　　　　（b）袋身反面

图 3-70　缝合侧缝

2. 烫袋口

扣烫袋口 4cm 折边处，烫平、烫实。由于布包面料较厚，所以袋口采用锁边，而不用折光处理，如图 3-71 所示。

图 3-71　烫袋口

3. 缝袋角

首先将袋底角折成三角，然后在三角宽 3cm 处来回缉三道明线固定袋角，最后用熨斗压烫袋角，如图 3-72 所示。

缉三道明线

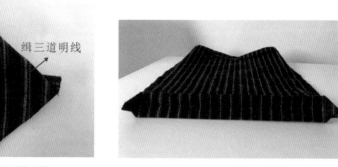

（a）袋底角折三角并缉三道明线　　　　　（b）布包袋底实拍图

图 3-72　缝袋角

（四）肩带缝制工艺

1. 做肩带

用闷缝的方法来制作肩带。首先将肩带裁片一边的布边按照扣烫板扣烫光，并折烫成双层，下层比上层宽0.1cm；然后在上层两侧布边处缉0.1cm明线，肩带半成品长85cm（半成品总长=成品总长83cm+缝份2cm），宽3.5cm；最后整烫肩带，使肩带烫平、烫实，如图3-73所示。

 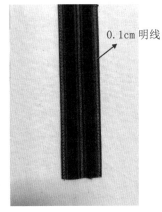 

（a）缉0.1cm明线　　　　　　　　（b）肩带实物图

图3-73　做肩带

2.绱肩带

绱肩带如图3-74所示。

  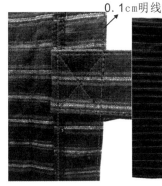 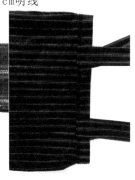

（a）疏缝袋口　　　（b）缉0.1cm明线　　　（c）缝"×"线迹　　　（d）实物图

图3-74　绱肩带

制作步骤为：

①用疏缝的方法将两根肩带暂时固定在布包袋口装肩带的位置，肩带绱在袋口里侧；

②在袋口折边处两侧缉0.1cm明线，同时固定肩带；

③在肩带与袋口折边重叠的部位缝"×"线迹，固定肩带。

（五）单肩布包整烫工艺

布包制作完成之后，用熨斗进行整烫。整烫的工艺流程为：烫袋身→烫袋底→烫肩带。整烫要求布面平整、无折皱，不出现烫黄、变色、"极光"等现象。单肩布包成品如图3-75所示。

如图 3-76 ～图 3-79 为几款布包作品。

图 3-75　单肩布包成品

图 3-76　布包作品一（作者：刘琰）

图 3-77　布包作品二
（作者：王鑫）

图 3-78　布包作者三
（作者：李佳佳）

图 3-79　布包作品四
（作者：周芳香）

第五节　水桶包缝制工艺

水桶包是指外形酷似水桶的手提包，自从 1932 年路易威登推出第一款水桶包 Noe，这个身材圆润又不失俏皮的设计就成为包袋中的经典款式之一。本节主要介绍水桶布包的缝制工艺。

一、样板制作

在进行水桶包裁剪和缝制之前，先要进行水桶包的样板制作。

（一）款式设计

1. 平面款式图

图 3-80 为水桶包平面款式图。

2. 款式说明

该款水桶包造型小巧、可爱，袋口装有抽绳，布包有内衬、无内袋，袋口装一根手拎袋，使用方便，容量大小可放入手机、钥匙、银行卡等。

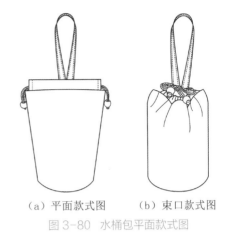

（a）平面款式图　　（b）束口款式图

图 3-80　水桶包平面款式图

（二）纸样设计

1. 尺寸规格设计

表 3-5 为本款水桶包的尺寸规格设计表格。

表 3-5　水桶包的尺寸规格设计

单位：cm

部位	袋底直径	袋身高	袋口嵌条长	袋口嵌条宽	手拎带长	手拎带宽	抽绳长
尺寸	10	16	13	2	30	1.2	40

2. 平面结构制图

图 3-81 为水桶包的平面结构图。

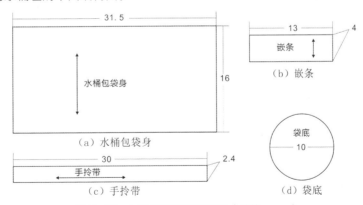

图 3-81　水桶包的平面结构图（单位：cm）

制图步骤为：

① 画出水桶包袋身，长31.5cm，宽16cm；

② 画袋底，直径10cm的圆；

③ 画手拎带，长30cm，宽2.4cm；

④ 画嵌条，长 13cm，宽 4cm。

3. 水桶包的工业样板制作

水桶包各缝份均放缝 1cm，如图 3-82 所示。

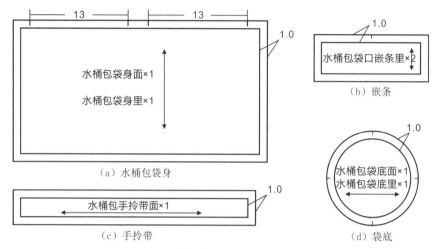

（a）水桶包袋身

（b）嵌条

（c）手拎带

（d）袋底

图 3-82　水桶包的工业样板（单位：cm）

二、面料裁剪

水桶包样板制作完成之后，要进行面料的裁剪。

（一）材料

水桶包制作材料主要包括面料和辅料，如图 3-83 所示。

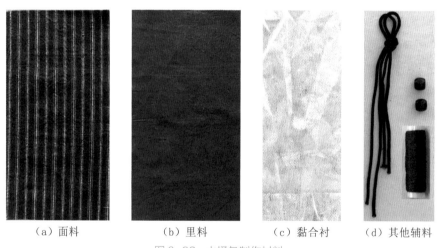

（a）面料　　　　（b）里料　　　　（c）黏合衬　　　（d）其他辅料

图 3-83　水桶包制作材料

1. 面料

水桶包面料选用条纹粗棉布（老粗布），尺寸为38cm×32cm；里布选用蓝色棉布，尺寸为42cm×30cm。

2. 辅料

水桶包辅料包括：无纺布黏合衬，尺寸为32cm×32cm；丙纶抽绳2条，各长40cm；木珠2颗，尺寸1.1cm×1.2cm，孔径0.55cm；深蓝色缝纫线1卷。

（二）裁剪

1. 整布

在进行裁剪时，需要将面料进行整烫预缩，烫平折皱部位，同时也对面料进行瑕疵检查，如有瑕疵点，在下一步排料的时候需规避瑕疵点。

2. 排料

老粗布门幅45cm，经过排料，用料32cm；蓝色棉布门幅90cm，用料18cm，如图3-84所示。

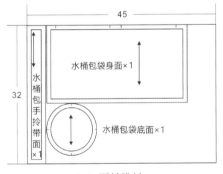
（a）面料排料

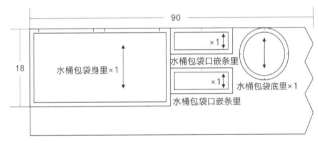
（b）里料排料

图3-84 水桶包排料（单位：cm）

3. 裁剪

排料完成之后，用划粉按照工业样板外轮廓进行描边，然后沿着划粉的描边线用裁缝剪将裁片剪下，注意裁剪时裁片边缘要光滑，不能出现毛边或锯齿形。裁片有水桶包袋身面1片、袋身里1片、袋底面1片、袋底里1片、手拎带1片、嵌条2片，如图3-85所示。

（a）面料

（b）里料

图3-85 水桶包裁片

4. 做记号

在距离袋身袋口装嵌条处用划粉做记号或打线丁；在一边嵌条装手拎带位置用划粉做记号或打线丁，如图3-86所示。

（a）袋身里袋口做记号　　　　　　　　（b）嵌条做记号

图3-86　水桶包做记号

三、水桶包缝制工艺步骤

水桶包缝制的工艺流程为：做袋身面→做袋身里→缝合袋口→装抽绳→整烫。具体制作过程如下。

（一）裁片烫衬、锁边

1. 烫衬

烫衬部位有袋底面、嵌条，如图3-87所示。由于老粗布材质较硬挺，因此袋身面和手拎带不需要烫衬，如使用较薄的面料，袋身面和手拎带需要烫衬。

图3-87　烫衬

2. 锁边

因为这款水桶包有内衬，所以在缝制过程中不需要给缝份锁边。

（二）袋身面缝制工艺

1. 缝合侧缝

① 将袋身片正面相对，对折使袋口齐平、侧缝对齐，用手缝针将侧缝疏缝；然后用平缝机缉侧缝，缝份1cm，起止口缝倒回针，拆除疏缝线，如图3-88所示。

② 用熨斗烫分开缝，如图 3-89 所示。

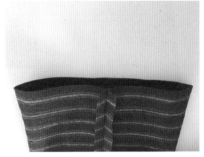

（a）侧缝缉 1cm 明线　　（b）折除疏缝线后的实物图

图 3-88　缝合袋身面侧缝

图 3-89　烫分开缝

2. 兜袋底面

① 用手缝针采用疏缝的方法将袋底面暂时固定在袋身底部，注意袋身的对位记号，袋底面与袋身正面相对，如图 3-90 所示。

② 用平缝机缉 1cm 明线，缝线需顺滑，袋身面在上，袋底面在下，然后拆除疏缝线，将袋身翻至正面，熨烫袋底缝份，使之烫平，无褶皱和尖角，如图 3-91 所示。

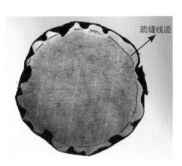

图 3-90　疏缝袋底面

（a）袋底正面　　（b）袋底侧面

图 3-91　机缝袋底面

（三）袋身里缝制工艺

1. 缝合侧缝

① 缝合方法同袋身面侧缝，区别在于袋身里侧缝在缝合时要留出5cm不缝住，方便后续袋口缝合后翻出，如图3-92所示。

② 袋身里侧缝烫分开缝，如图3-93所示。

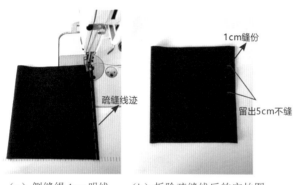

（a）侧缝缉1cm明线　　（b）拆除疏缝线后的实拍图

图3-92　缝合袋身里侧缝　　　　　　　　图3-93　烫分开缝

2. 兜袋底里

① 疏缝，如图3-94所示。

② 机缝，方法同袋身面兜袋底，如图3-95所示。

图3-94　疏缝袋底里　　　　　　　　　图3-95　机缝袋底里

（四）袋口缝制工艺

1. 做嵌条

将嵌条两侧向内扣烫1cm折边，并缉0.6cm明线，然后对折熨烫定形，如图3-96所示。

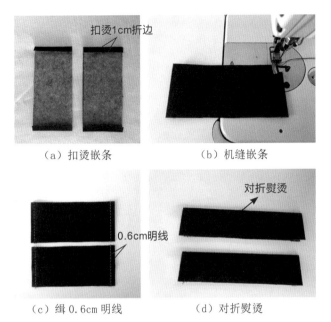

（a）扣烫嵌条 （b）机缝嵌条

（c）缉0.6cm明线 （d）对折熨烫

图3-96 做嵌条

2. 做手拎带

用闷缝的方法来制作手拎带。首先将手拎带裁片一边的布边扣烫1cm折光，并折烫成双层，下层比上层宽0.1cm；然后在上层两侧布边处缉0.1cm明线（图3-97），手拎带成品长32cm，宽1.2cm；最后整烫肩带，使肩带烫平、烫实。

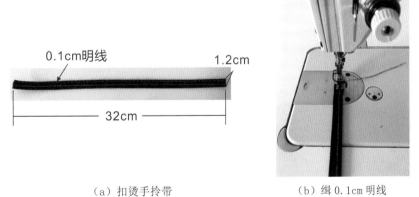

（a）扣烫手拎带 （b）缉0.1cm明线

图3-97 做手拎带

3. 袋口缝制工艺

在袋身面的袋口和袋身里的袋口缝合的时候，需要将嵌条和手拎带一起缉好。

① 用疏缝的方法将一个嵌条和手拎带暂时固定在袋身面的袋口一侧标记位置，然后机缝。手拎带在最上，嵌条在中间位置，袋身面在底层，重叠时正面相对，如图3-98所示。

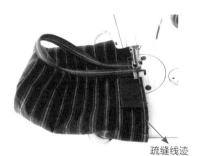

（a）机缝固定手拎带   （b）拆除疏缝线后的实物图

图 3-98　机缝一侧嵌条

② 将另一个嵌条暂时固定在袋身面的袋口另一侧标记位置，嵌条在上，袋身面在下，重叠时正面相对，如图 3-99 所示。

③ 将袋口面和袋口里对齐，重叠时袋口里在上，袋口面在下，正面相对，先用疏缝的方法暂时缝合固定，然后用平缝机缉 1cm 缝份，如图 3-100 所示。

（a）缉 0.1cm 明线   （b）拆除疏缝线后的实物图

图 3-99　机缝另一侧嵌条   图 3-100　缝合袋口面和袋口里

④ 袋口缝合完成后，按图 3-101（a）、（b）、（c）三个步骤所示将袋身面从袋身里的侧缝 5cm 空隙处翻出。

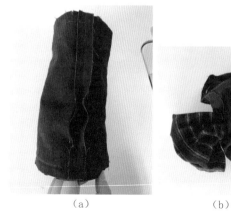

（a）   （b）   （c）

图 3-101　翻出袋身面

⑤ 将袋身里侧缝 5cm 空隙缝合，缉 0.1cm 明线，起止位置缝倒回针，如图 3-102 所示。

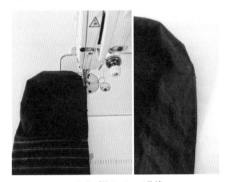

（a）缉 0.1cm 明线　　　　　　　（b）缝合完成后的实物图

图 3-102　缝合侧缝空隙

⑥ 将袋身里塞进袋身面，整理熨烫，如图 3-103 所示。

（a）熨烫袋身　　　　　　　（b）整烫后的水桶包

图 3-103　塞袋身里并熨烫

（五）装抽绳

先将一根抽绳从右侧穿过两条嵌线，如图3-104（a）所示；然后将另一根抽绳从左侧穿过两条嵌线，如图3-104（b）所示；最后将木珠穿过抽绳尾部，并将尾部打结，使木珠不会脱落，如图3-104（c）所示。

（a）　　　　　　（b）　　　　　　（c）　　　　　　（d）

图 3-104　装抽绳

（六）水桶包整烫工艺

水桶包制作完成之后，用熨斗进行整烫。整烫的工艺流程为：烫袋身→烫袋底→烫嵌条→烫手拎带。整烫要求布面平整、无折皱，不出现烫黄、变色、"极光"等现象。水桶包成品如图3-105所示。

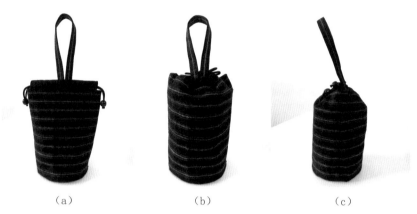

（a）　　　　　　　　　　（b）　　　　　　　　　　（c）

图3-105　水桶包成品

图3-106、图3-107为几款水桶包作品。

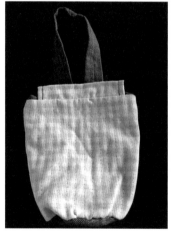

图3-106　水桶包作品一（作者：乔丛）

图3-107　水桶包作品二（作者：嵇蓉蓉）

思考与练习

1. 简述立体口罩的缝制工艺流程。
2. 简述布艺小球耳饰的缝制工艺流程。
3. 简述零钱包的缝制工艺流程。
4. 简述单肩布包的缝制工艺流程。
5. 简述水桶包的缝制工艺流程。
6. 设计一款零钱包并进行缝制。
7. 设计一款单肩布包并进行缝制。
8. 设计一款水桶包并进行缝制。

第四章
服装工艺步骤解析

本章介绍直筒裙、翻领女衬衫和女士长裤的缝制工艺，主要从其款式设计、面料裁剪、缝制工艺步骤和质检要求这四个方面来讲解。

第一节　直筒裙缝制工艺

直筒裙，又称筒裙、直裙、直统裙，是指从裙腰开始自然垂落的筒状或管状裙。常见的直筒裙有西装裙、夹克裙、旗袍裙、围裹裙等。

一、直筒裙设计

设计直筒裙时需要注意其款式特点。

（一）款式设计

1. 平面款式图

图4-1为直筒裙平面款式图。

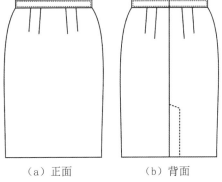

（a）正面　　　　　（b）背面

图4-1　直筒裙平面款式图

2. 款式说明

该款女裙外形为合体直身，绱直型腰头。前、后裙片各四个省道，后中绱隐形拉链，后裙摆开衩，腰头门、里襟处缝裙钩一对。直筒裙多用于较正式的场合或作为上班服饰。

（二）纸样设计

1. 量身

制作直筒裙时，需要测量人体腰围（W）、臀围（H）这两个净尺寸，裙长根据款式来确定。本节中以中号M（160/68A）为参考尺寸，腰围净尺寸为68cm，臀围净尺寸为90cm。

2. 尺寸规格

根据款式设计腰围的放松量为2cm，臀围的放松量为4cm，具体各部位尺寸规格见表4-1。

表4-1　直筒裙尺寸规格设计

单位：cm

腰围（W）	臀围（H）	裙长	腰头宽	后衩高	后衩宽
70	94	60	3	20	4

3. 结构制图

该款直筒裙的结构制图如图 4-2 和图 4-3 所示。

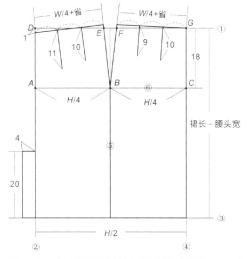

图 4-2　直筒裙平面结构制图步骤（单位：cm）

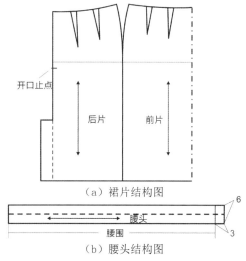

（a）裙片结构图

（b）腰头结构图

图 4-3　直筒裙平面结构图（单位：cm）

制图步骤如下。

（1）画腰头线。在画纸的上方画一条水平线①，即为腰头线。

（2）画后片中线。在腰头线的左边画一条垂直线②，即为后片中线。

（3）画下摆线。自腰头线①向下量裙长止（不含腰头 3cm）画腰头线的平行线③，即下摆线。

（4）画前片中线。自后片中线向右量至 $H/2$ 止画后片中线的平行线④，即前片中线。

（5）画侧缝线。后片臀围 $AB=H/4$，前片臀围 $BC=H/4$，然后画直线⑤分开前后片。

（6）确定臀围线。自腰头线①向下量约 18cm 止画直线⑥，即为臀围线。

（7）确定前后片腰围线。后片腰围线=$W/4+4cm$（省量）；前片腰围线=$W/4+4cm$（省量）。后片腰围线中点 D 下落1cm，侧点 E 上翘0.7cm；前片腰围线侧点 F 上翘0.7cm。

（8）画省道和后开衩。将前片腰围线三等分，靠近前中线的省道长 10cm，靠近侧缝线的省道长 9cm；将后片腰围线三等分，靠近后中线的省道长 11cm，靠近侧缝线的省道长 10cm。沿着后中线从下摆往上量20cm 为后开衩的长，从后中线往左水平量 4cm 为后开衩的宽。

（9）画前后片轮廓线。参阅图 4-3，其中各省道量为 2cm。

（10）画腰头。腰头宽 =3cm，长 = 腰围 +3cm。

4. 直筒裙工业样板制作

直筒裙腰围线、侧缝线、后开衩和腰头四周都放缝份1cm，后裙片中心线放缝份 1.5cm，前后裙片下摆放缝份4cm，如图 4-4 所示。

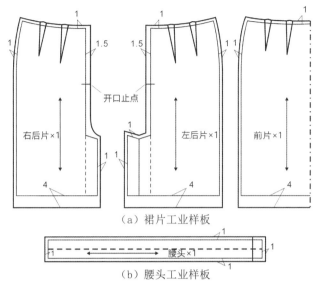

（a）裙片工业样板

（b）腰头工业样板

图 4-4　直筒裙的工业样板（单位：cm）

二、直筒裙面料裁剪

（一）材料

直筒裙的制作材料主要包括面料和辅料，如图 4-5 所示。

1. 面料

直筒裙面料选用白坯布，尺寸为 130cm×75cm。

2. 辅料

直筒裙的辅料包括：无纺布黏合衬，适量；隐形拉链1条，长35cm；裙钩1对；缝纫线1卷。

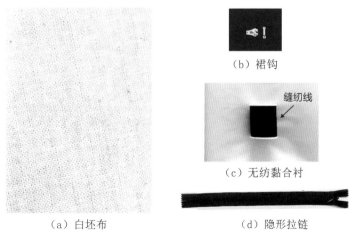

（b）裙钩

（c）无纺黏合衬

（a）白坯布

（d）隐形拉链

图 4-5　直筒裙制作材料

（二）裁剪

1. 整布

在进行裁剪前，需要对面料进行整烫预缩。

2. 排料

面料门幅 130cm，经过排料，用料 75cm，如图 4-6 所示。

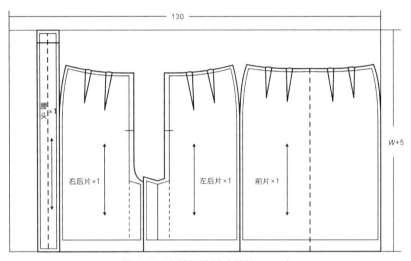

图 4-6　直筒裙排料（单位：cm）

3. 裁剪

排料完成之后，用划粉按照直筒裙工业样板外轮廓进行描边，然后沿着划粉的描边线用裁缝剪将裁片剪下，注意裁剪时裁片边缘要光滑，不能出现毛边或锯齿形。直筒裙裁片有：前裙片1片、后裙片2片、腰带1片，如图4-7所示。

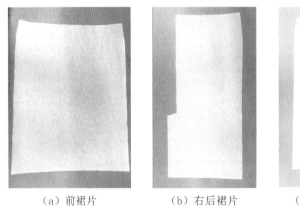

（a）前裙片　　　（b）右后裙片　　　（c）左后裙片　　　（d）腰带

图 4-7　直筒裙裁片

4. 做记号

在前、后裙片省道位置、拉链止口位置、后开衩位置和裙摆折边位置用划粉做记号或打线丁，如图 4-8 所示。

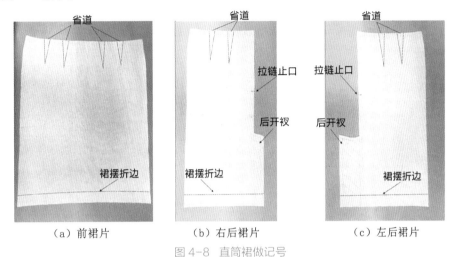

（a）前裙片　　　　　（b）右后裙片　　　　　（c）左后裙片

图 4-8　直筒裙做记号

三、直筒裙缝制工艺步骤

直筒裙缝制的工艺流程为：前、后裙片收腰省→做后开衩→绱隐形拉链→缝合侧缝→裙腰缝制→缲裙底摆→钉裙钩→整烫。具体制作过程如下。

（一）裁片烫衬、锁边

1. 烫衬

烫衬部位有：前片底摆折边，后片绱拉链部位、后开衩部位、底摆折边，腰带，如图4-9所示。

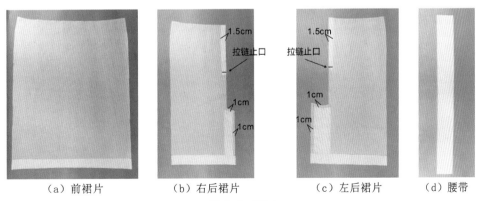

（a）前裙片　　　　（b）右后裙片　　　　（c）左后裙片　　　（d）腰带

图 4-9　烫衬

2. 锁边

锁边部位有：前裙片侧缝、下摆锁边，后裙片侧缝、开衩、下摆锁边，如图4-10所示。

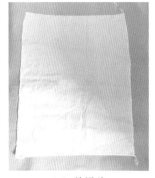  

（a）前裙片　　　　　　（b）右后裙片　　　　　　（c）左后裙片

图4-10　锁边

（二）省的缝制工艺

1. 前、后裙片收省

在前、后裙片反面按照省的对位记号对折缉省道，腰口处需缝倒回针，省尖处留3cm左右的线头并打结，防止松散开来。缝制腰省时需要注意缝线平直、省大和省长符合规格，缝制完成后省尖处无凸起，如图4-11所示。

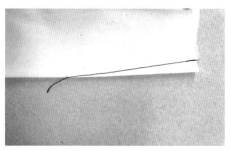

图4-11　收省

2. 烫省

将前裙片腰省倒向前中线、后裙片腰省倒向后中线进行熨烫，将腰省熨烫平整、服贴，如图4-12所示。

（a）前裙片烫省　　　　　　　　　　（b）后裙片烫省

图4-12　烫省

（三）直筒裙后开衩缝制工艺

1. 做后开衩

① 将左、右后裙片底摆开衩位置的多余缝份修剪掉，如图4-13所示。

② 左后裙片开衩部位折转向裙片正面，沿底摆净样线缉缝，起止位置缝倒回针；右后裙片沿开衩部位中线向裙片正面对折，沿底摆净样线缉缝，起止位置缝倒回针，如图4-14所示。

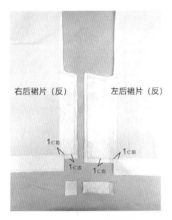

图4-13 修剪底摆缝份

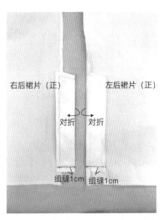

图4-14 缉合后开衩和底摆缝份

2. 缝合后中缝

将左后裙片和右后裙片正面相对，从拉链开口止点起针缝制开衩点，缝份1.5cm，起止位置倒回针，如图4-15所示。

3. 固定后开衩

开衩部位翻转熨烫，将右后裙片掀开，从开衩止点横向缉缝固定左、右后衩，缉缝1cm，如图4-16所示。

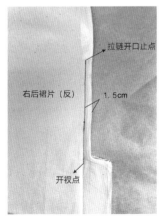

图4-15 后中缝缝制工艺

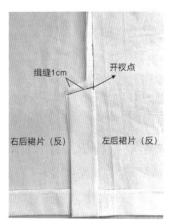

图4-16 缝合左、右后开衩

4.熨烫后中缝和后开衩

将后中缝份烫分开缝至开衩处，左后裙片开衩止点处剪开，开衩处倒向左侧并熨烫平整，如图 4-17 所示。

（四）直筒裙后片隐形拉链缝制工艺

在正面看不见缝线的拉链为隐形拉链。在绱隐形拉链之前，要先将平缝机换上单边压脚或隐形拉链压脚。

① 将隐形拉链的中心对齐后中缝，然后用手针将拉链两边分别疏缝固定在缝份上，疏缝时尽量靠近拉链中心处，如图 4-18 所示。

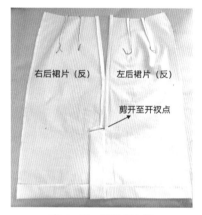

图 4-17 熨烫后中缝

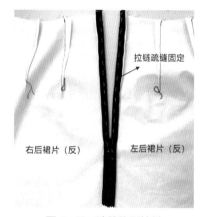

图 4-18 疏缝隐形拉链

② 平缝机换上单边压脚，拉链反面朝上进行车缝，车缝时注意用手辅助使拉链齿立起，方便在拉链齿的边缘进行车缝，如图 4-19 所示。

③ 左右两边都车缝完成之后，拆除疏缝线，将拉链头拉到正面，即完成隐形拉链的缝制，如图 4-20 所示。

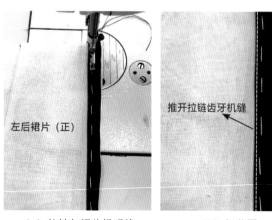

（a）拉链与裙片缉明线　　（b）细节图

图 4-19 车缝隐形拉链

图 4-20 隐形拉链完成图

（五）直筒裙侧缝缝制工艺

① 将前后裙片正面相对，侧缝对齐，用手缝针疏缝固定，如图 4-21 所示。

② 将隐形拉链压脚换成普通压脚，缉 1cm 缝份，并拆除疏缝线，如图 4-22 所示。

③ 用熨斗将侧缝烫分开缝，烫平、烫实，如图 4-23 所示。

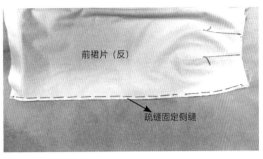

图 4-21 疏缝固定侧缝

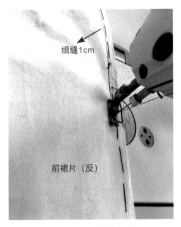

图 4-22 机缝侧缝

图 4-23 分烫侧缝

（六）裙腰缝制工艺

1. 做腰

首先将腰反面扣烫腰面下口1cm缝份折光；然后沿着腰带中线折烫成双层，并烫平、烫实；最后将腰头两端缉1cm缝份封口，如图4-24所示。

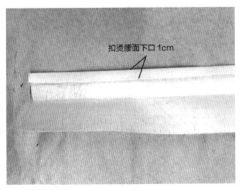

（a）扣烫腰面下口

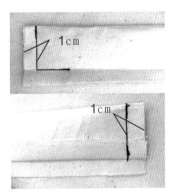

（b）腰头缉 1cm 缝份

图 4-24 做腰

2. 绱腰

首先将腰里正面与裙片反面相对，将腰头3cm标记位置对准左后裙片腰口，用手缝针疏缝，暂时固定腰里缝份和裙片腰口缝份，如图3-25（a）所示；然后用平缝机缉1cm缝份，起止位置倒回针，拆除疏缝线，如图3-25（b）所示；最后将腰带翻至正面，放平，先用手缝针疏缝固定腰面和腰里缝份，然后在腰面缉0.1cm明线，拆除疏缝线，如图4-25（c）所示。

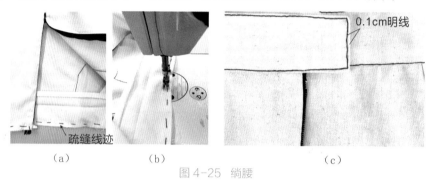

（a）　　　　　（b）　　　　　　　　　（c）

图4-25　绱腰

（七）直筒裙下摆缝制工艺

首先用熨斗扣烫裙摆折边，折边宽4cm，用手缝针疏缝，暂时固定折边；然后用三角针法将裙摆折边与裙身缲牢，针距0.8~1cm，要求线迹松紧适宜，裙底边正面不露出针迹；最后拆除疏缝线，并熨烫底摆，烫平、烫实，如图4-26所示。

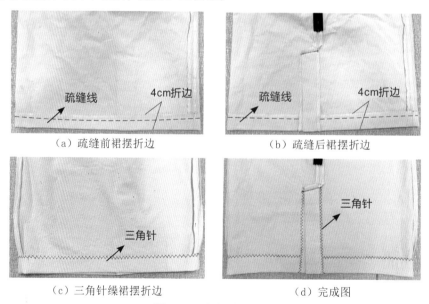

（a）疏缝前裙摆折边　　　　　　　　（b）疏缝后裙摆折边

（c）三角针缲裙摆折边　　　　　　　　（d）完成图

图4-26　裙摆缝制工艺

（八）裙钩缝制工艺

在后腰门襟腰头和里襟腰头对应处手缝固定一对裙钩，如图4-27所示。

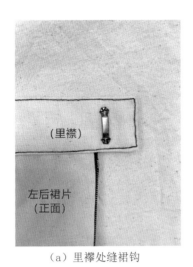

（a）里襟处缝裙钩   （b）门襟处缝裙钩

图4-27　裙钩缝制工艺

（九）直筒裙整烫工艺

整烫前，先将裙子的线头、划粉印记、污渍等清理干净。直筒裙整烫工艺流程：烫底摆→烫侧缝→烫裙衩→烫省道→烫腰头。在熨烫时，熨斗需直上直下进行熨烫，避免裙片变形，裙摆、后开衩、腰带部位需烫实、烫平，裙身表面无折皱、腰省省尖处无凹凸现象，正面熨烫时需加盖烫布，防止烫黄、变色和产生"极光"。直筒裙成品如图4-28所示。

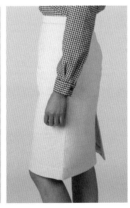

（a）正面图   （b）侧面图   （c）背面图

图4-28　白色直筒裙成品展示

四、直筒裙质检要求

根据《最新国家服装质量监督检验检测工作技术标准实施手册》部分摘录。

（一）直筒裙外形检验

① 裙腰顺直平服，左右宽窄一致，缉线顺直，不吐止口。

② 前后腰省距离大小、左右相同，前后腰身大小、左右相同。

③ 纽扣与扣眼位置准确，拉链松紧适宜平服，不外露。

④ 侧缝顺直，松紧适宜，吃势均匀。

⑤ 后衩平服无搅豁，里外长短一致。

（二）直筒裙缝制检验

① 面料丝缕和倒顺毛原料一致，图案花型配合相适宜。

② 面料与黏合衬黏合不应脱胶、不渗胶、不引起面料变色、不引起面料皱缩。

③ 钉扣平挺，结实牢固，不外露。纽扣与扣眼位置大小配合相适宜。

④ 机缝牢固、平整、宽窄适宜。

⑤ 各部位线路清晰、顺直，针迹密度一致。

⑥ 针迹密度：明线不少于 14 针 /3cm，暗线不少于 13 针 /3cm，手缲针不少于 7 针 /3cm，锁眼不少于 8 针 /1cm。

（三）直筒裙规格检验

① 裙长：由腰上端，沿侧缝量至底摆，误差 ±1.0cm。

② 后中长：由腰上端，沿后中线量至底摆，误差 ±1.0cm。

③ 腰围：沿腰带中心，从左至右横量（周围计算），误差 ±1.5cm。

④ 臀围：沿臀部位置，从左至右横量（周围计算），误差 ±2.0cm。

⑤ 裙摆围：沿裙摆围量一周，误差 ±2.0cm。

第二节　翻领女衬衫缝制工艺

衬衫最初多为男用，20 世纪 50 年代起渐被女子采用，现已成为常见服装之一。衬衫是一种有领有袖、前开襟而且袖口有扣的内上衣，常贴身穿。翻领女衬衫是女士衬衫中最常见的款式之一，穿着范围也比较广泛。本节以翻领女衬衫作为讲解对象。

一、翻领女衬衫的设计

设计翻领女衬衫时需要注意其款式特点。

（一）款式设计

1. 平面款式图

图 4-29 为翻领女衬衫平面款式图。

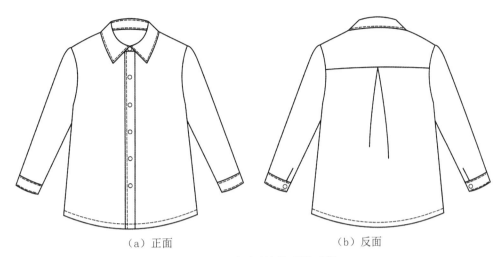

（a）正面　　　　　　　　　　（b）反面

图 4-29　翻领女衬衫平面款式图

2. 款式说明

该款翻领女衬衫外形为休闲女衬衫，尖角翻立领，右侧为明门襟，左侧门襟贴边内折车缝固定，前中有 6 粒纽扣，后背过肩，后片收两个褶裥，长袖、有袖衩，绱袖克夫，圆弧底摆。

（二）纸样设计

1. 量身

制作翻领女衬衫时，需要测量人体领围（N）、胸围（B）、腰围（W）、臀围（H）、肩宽、背长这几个净尺寸，衣长、袖长和下摆围根据款式来确定。本节中以中号 M（160/84A）为参考尺寸，胸围净尺寸为 84cm，腰围净尺寸为 68cm，臀围净尺寸为 90cm。

2. 尺寸规格

根据休闲款式设计，胸围的放松量为 10cm，下摆围尺寸为 112cm，腰围和臀围的放松量根据胸围和下摆围的尺寸来定，其他具体各部位尺寸规格见表 4-2。

表 4-2　翻领女衬衫的尺寸规格设计

单位：cm

胸围（B）	腰围（W）	领围（N）	下摆围	背长	肩宽	衣长	袖长	袖克夫长/宽
94	102	37	112	37	38	60	58	23.5/5

3. 结构制图

该款翻领女衬衫的结构制图如图 4-30 所示。

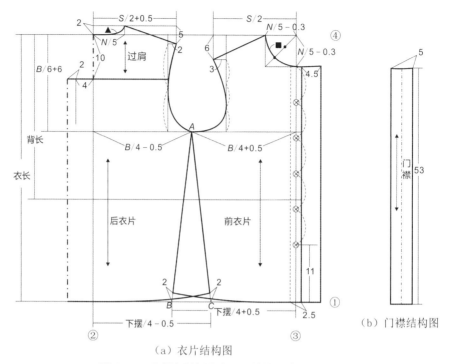

（a）衣片结构图

（b）门襟结构图

图 4-30　翻领女衬衫衣身平面结构图（单位：cm）

衣片制图步骤如下。

（1）画基础线。在画纸下方画一条平行线①，然后以此线为基础线。

（2）画背中线。在基础线的左侧垂直画一条直线②，此线可作为背中线。

（3）画前中线。自背中线向右量 $B/2$ 画垂直线③即可确定前中线。

（4）确定背长。根据背长的数值自基础线在背中线上画出背长即可。

（5）画上平线。以背长线顶点为基点画一条基础线的平行线④作为上平线。

（6）确定袖窿深。自上平线④向下量，袖窿深 = $B/6$ +6cm（约）。

（7）画后领口。后领口宽 =1/5 领围，后领口深 =1/3 领宽（或定数 2.0cm）。

（8）确定前片肩端点。前落肩 =2/3 领宽 +0.5cm（或 =$B/20$+0.5cm，也可以用定数约5.5cm，还可以用肩斜度 20°来确定）。左右位置是自前中线向侧缝方向量 1/2 肩宽即可。

（9）确定后片肩端点。后落肩 =2/3 领宽（或 =$B/20$，也可以用定数 5cm，还可以用肩斜度来确定，落肩 17°）。左右即横向位置是自背中线向侧缝方向量 1/2 肩宽 +0.5cm，然后画垂直线，该线与落肩线的交点即肩端点。

（10）确定前胸宽。前肩端点向前中线方向平行移约 3cm 画垂直线即前胸宽线。

（11）确定后背宽。后片肩端点向背中线方向平行移约 2cm 画垂直线即后背宽线。后背宽一般要比前胸宽大出约 1cm。

（12）画侧缝线（也叫摆缝线）。在袖窿深线上画出前胸围 $B/4$+0.5cm，后胸围 $B/4$-

0.5cm，确定 A 点；在基础线①上画前摆 1/4 下摆 +0.5cm，确定 B 点；画后摆 1/4 下摆 -0.5cm，确定 C 点。最后画出前侧缝线 AB 和后侧缝线 AC。

（13）画前领口。领宽 =1/5 领围 -0.3cm，领深 =1/5 领围 -0.3cm，然后画顺领口弧线。当画好领口弧线时，请实测量领口弧线的长度（包括后领口长）是否与领围的数值吻合，必要时可适当调整。

（14）画袖窿弧线。要求画顺弧线，弧线造型要标准，要符合人体造型。辅助点和线只是作为画弧线时的参考，在具体制图时要以整体为主，局部服从整体。特别要考虑胸围、肩宽、前胸宽、后背宽等的数据协调关系。

（15）画过肩。从上平线④沿着背中线②量 10cm，画水平线相交于后袖窿弧线。

（16）画后衣片褶裥。过肩分割线水平向背中心方向延伸 6cm，然后画垂线相交于基础线①，后衣片共两个褶裥，褶裥宽 4cm。

（17）画下摆线。侧缝上翘 2cm，画顺前、后下摆线。

（18）确定纽位。纽扣位在前中心线上，纽扣共 6 粒，第一粒设在领座，纽扣的间距为 8cm，最下一粒纽扣约距下摆线 11cm。

（19）画门襟。门襟宽 2.5cm，画宽 5cm、长 53cm 的长方形作为门襟。

翻领制图步骤如下。

（1）画领长 = ▲ + ■ + 叠门宽 1.25cm。

（2）领座宽 =2.5cm，外翻领宽 =4.5cm，具体弧线绘制请参阅图 4-31。

袖子制图步骤如下。

（1）画基础线。在画纸的下方画一条水平线⑤即可。

（2）确定袖长。自基础线向上垂直画袖长线即可。

（3）确定袖山高。袖窿长（AH）= 前片袖窿长 + 后片袖窿长，袖山高 = AH/3-2cm。袖山高的大小直接决定着袖子的肥窄变化，袖山越高袖根越窄，袖山越低袖根越肥。

（4）确定袖型的肥窄。一般当袖山高确定以后，袖型的肥窄就已经确定了。袖山斜线 DE（直线）= 后片袖窿长，DF（直线）= 前片袖窿长。

（5）确定袖肘线。在袖长的 1/2 处垂直向下移 2.5cm，再画一条水平线即可。

（6）画袖口线。袖口有两个褶裥，褶裥大小为 2cm，袖口的大小 = 袖克夫长 + 褶裥 4-0.5，参阅图 4-31。

（7）画袖山弧线。参考辅助点线画顺弧线，参阅图 4-31。

袖克夫和袖衩条制图步骤如下。

（1）画袖克夫。袖克夫长 23.5cm，宽 5cm，画长 23.5cm，宽 10cm 的长方形作为袖克夫，参阅图 4-31。

（2）画袖衩条。袖衩条长为 40cm，宽为 2.5cm，参阅图 4-31。

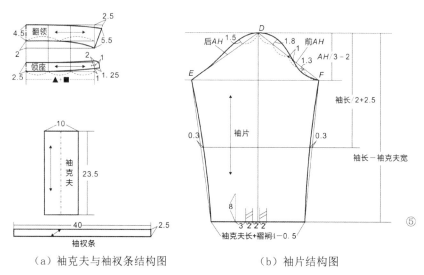

（a）袖克夫与袖衩条结构图　（b）袖片结构图

图 4-31　翻领女衬衫领子和袖子平面结构图（单位：cm）

◢ 4. 翻领女衬衫工业样板制作

前片领围线与后片领围线放缝份 0.8cm，前、后衣片底摆与门襟下口放缝份 2.5cm，其余放缝份 1cm，袖衩条不用放缝份，如图 4-32 所示。

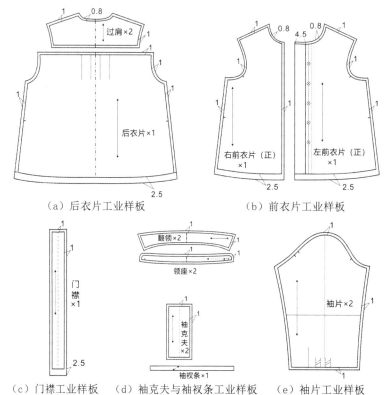

（a）后衣片工业样板　　　　　　（b）前衣片工业样板

（c）门襟工业样板　（d）袖克夫与袖衩条工业样板　（e）袖片工业样板

图 4-32　翻领女衬衫的工业样板（单位：cm）

二、翻领女衬衫面料裁剪

（一）材料

翻领女衬衫的制作材料主要包括面料和辅料，如图4-33所示。

1. 面料

翻领女衬衫面料选用全棉面料，尺寸为125cm×150cm。

2. 辅料

翻领女衬衫辅料包括：无纺布黏合衬，适量；纽扣8颗，直径2cm；缝纫线1卷。

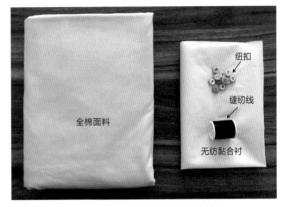

图4-33 翻领女衬衫制作材料

（二）裁剪

1. 整布

在进行裁剪前，需要对面料进行整烫预缩。

2. 排料

棉布门幅150cm，经过排料，用料125cm，如图4-34所示。

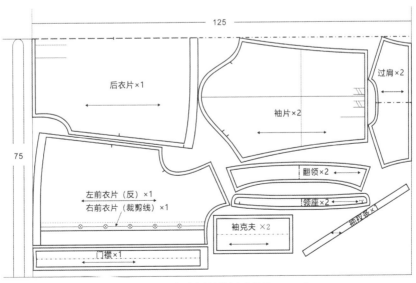

图4-34 翻领女衬衫排料（单位：cm）

3. 裁剪

排料完成之后，用划粉按照翻领女衬衫工业样板外轮廓进行描边，然后沿着划粉的描边线用裁缝剪将裁片剪下，注意裁剪时裁片边缘要光滑，不能出现毛边或锯齿形。翻领女衬衫裁片有前衣片 2 片，后衣片 1 片，过肩 2 片，门襟 1 片，翻领 2 片，领座 2 片，袖片 2 片，袖克夫 2 片，袖衩条 1 片，如图 4-35 所示。

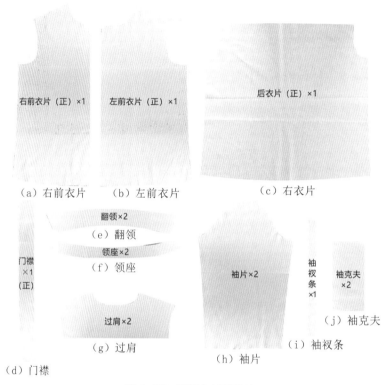

图 4-35　翻领女衬衫裁片

4. 做记号

在前衣片袖窿对位点、里襟位置、腰部位置、底摆折边位置，后衣片褶裥位置、袖窿对位点、后腰位置、底摆折边位置，过肩领部中心位置和对位点，翻领和领座对位点，袖片袖窿弧线中心位置和对位点、袖口褶裥位置、袖衩位置，袖克夫对位点等位置用划粉做记号或打线丁，如图 4-36 所示。

三、翻领女衬衫缝制工艺步骤

翻领女衬衫缝制的工艺流程为：前衣片缝制门襟、里襟→缝合后衣片过肩→缝合肩缝→做翻领→绱翻领→做袖衩→绱袖→缝合袖底缝份及侧缝→做袖克夫→绱袖克夫→缝底摆折边→锁眼钉扣→整烫。具体制作过程如下。

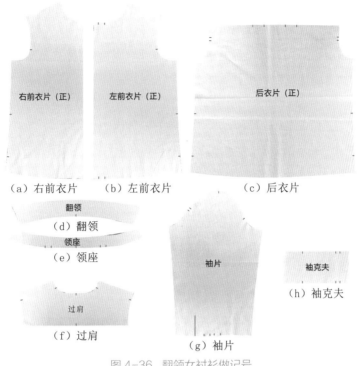

（a）右前衣片　　（b）左前衣片　　　　（c）后衣片

（d）翻领

（e）领座

（f）过肩

（g）袖片

（h）袖克夫

图 4-36　翻领女衬衫做记号

（一）裁片烫衬、锁边

1. 烫衬

烫衬部位有翻领面、领座面、领座里、袖克夫面、门襟反面、左前衣片反面里襟，如图 4-37 所示。

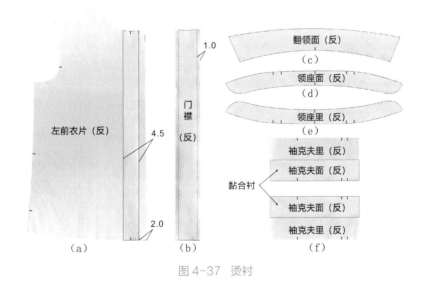

图 4-37　烫衬

2. 锁边

在缝制过程中进行锁边。

（二）前衣片缝制工艺

1. 缝制前衣片门襟

（1）扣烫门襟。门襟反面向上，先扣烫1.0cm折边，再折烫2.5cm，如图4-38所示。

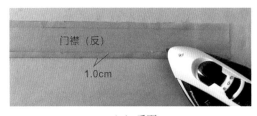

（a）反面　　　　　　　　　　　（b）正面

图4-38　扣烫门襟

（2）绱门襟。右前衣片反面向上，将门襟反面朝上放在衣片上，上下对齐后，先疏缝暂时固定门襟和右前衣片，再机缝1.0cm固定；最后翻转门襟至正面并熨烫平整，将门襟疏缝暂时固定后在门襟止口处缉0.1cm的明线，如图4-39所示。

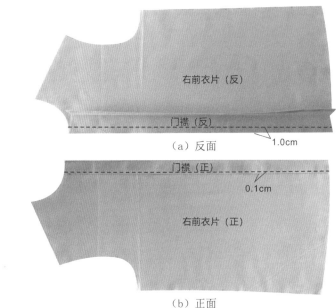

（a）反面

（b）正面

图4-39　绱门襟

2. 缝制前衣片里襟

左前衣片反面向上，在里襟处扣烫2cm折边，如图4-40（a）所示；然后按照标记位置折烫里襟贴边2.5cm，如图4-40（b）所示；先疏缝暂时固定里襟，然后机缝0.1cm，如图4-40（c）所示。

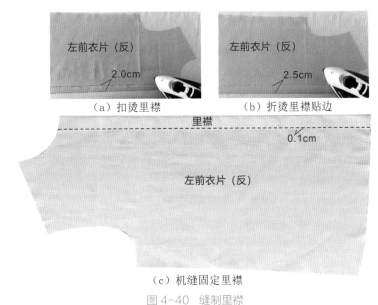

（a）扣烫里襟　　　　　　　　（b）折烫里襟贴边

（c）机缝固定里襟

图4-40　缝制里襟

（三）后衣片过肩缝制工艺

1. 后衣片收褶裥

后衣片正面朝上，机缝褶裥长0.8cm，缉两道缝线，褶裥倒向后中并熨烫，如图4-41所示。

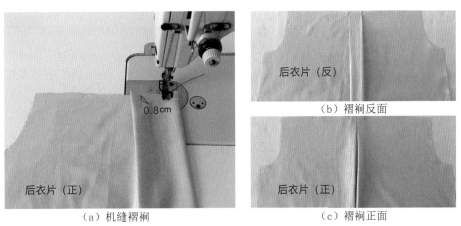

（a）机缝褶裥　　　　　（b）褶裥反面　　　　　（c）褶裥正面

图4-41　后衣片收褶裥

2. 缝合过肩与后衣片

过肩布里正面朝上放在底层，后衣片正面朝上放在第二层，过肩布面反面朝上放置在最上层，先疏缝暂时固定过肩和后衣片，如图 4-42（a）所示；然后缉 1cm 缝份，如图 4-42（b）所示。

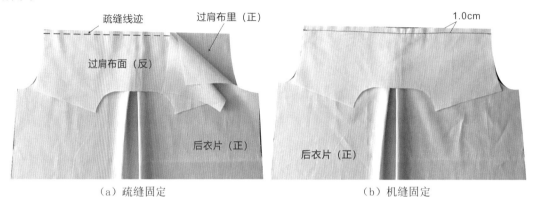

（a）疏缝固定　　　　　　　　　　　（b）机缝固定

图 4-42　缝合过肩和后衣片

3. 过肩缉明线

将过肩翻至正面，缝份倒向过肩，缉 0.1cm 的明线，如图 4-43 所示。

（四）翻领缝制工艺

1. 缝合前后片肩缝

① 将前、后衣片正面相对，对齐前、后肩缝线，先疏缝暂时固定肩缝，再缉 1cm 缝份，如图 4-44 所示。

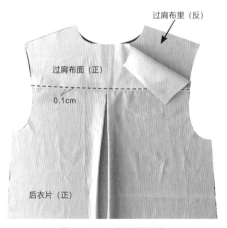

图 4-43　过肩缉明线

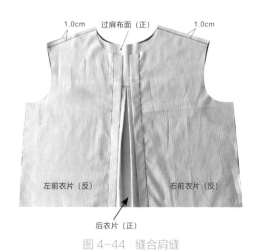

图 4-44　缝合肩缝

② 肩缝锁边。将前衣片朝上，用锁边机锁缝肩缝，最后熨烫肩缝，肩缝倒向后片，如图 4-45 所示。

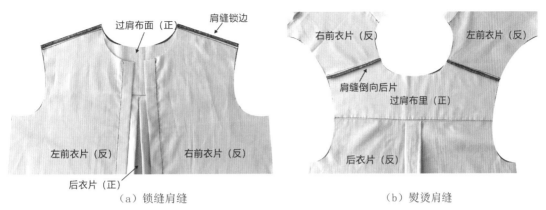

（a）锁缝肩缝　　　　　　　　　　　　　（b）熨烫肩缝

图4-45　肩缝锁边及熨烫

2. 做翻领

（1）画出翻领面净样线。翻领面反面朝上，如图4-46（a）所示根据翻领净样板画出翻领面的净样线，如图4-46（b）所示。

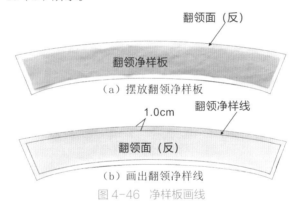

（a）摆放翻领净样板

（b）画出翻领净样线

图4-46　净样板画线

（2）缝合翻领。将翻领的领面和领里正面相对，领面在上，沿净样线缝合翻领，如图4-47所示。要求在领角处领面稍松、领里稍紧，使领角形成窝势。

图4-47　缝合翻领

（3）修剪、扣烫缝份。先将领角缝份修剪出0.2cm，如图4-48（a）所示；将领面朝上，沿缝线扣烫，如图4-48（b）所示；翻至正面，将领里止口烫出里外匀，如图4-48（c）所示。要求左右领角形成尖角并对称。

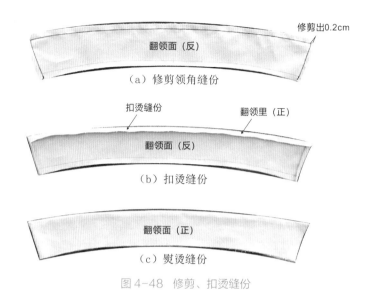

（a）修剪领角缝份

（b）扣烫缝份

（c）熨烫缝份

图4-48 修剪、扣烫缝份

（4）领止口缉明线。将领面朝上，沿领止口缉0.2cm的明线，如图4-49所示。

图4-49 领止口缉明线

3. 缝合翻领和领座

（1）净样板画线并扣烫领下口线。在领座面的反面按照净样板画线，如图4-50（a）、（b）所示；然后按净样线扣烫领座下口线0.8cm，再缉缝0.7cm固定，如图4-50（c）所示。

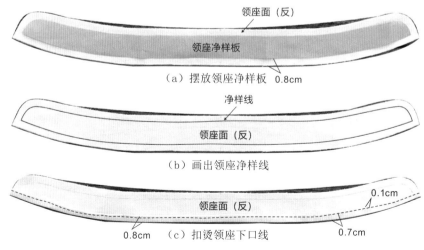

（a）摆放领座净样板

（b）画出领座净样线

（c）扣烫领座下口线

图4-50 净样板画线并扣烫领下口线

（2）翻领与领座缝合。将缝制好的翻领夹在两片领座的中间，翻领面与领座面、翻领里与领座里正面相对，并准确对齐三者的左右装领点、后中点，再按照净样线先用手缝针疏缝暂时固定，如图4-51（a）所示；然后缉0.8cm缝份，如图4-51（b）所示。

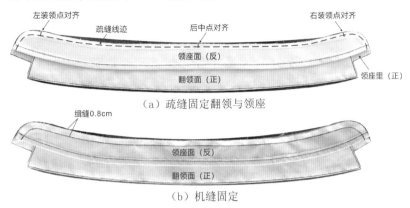

（a）疏缝固定翻领与领座

（b）机缝固定

图4-51 缝合翻领和领座

（3）修剪并翻烫领子。修剪领座的领角弧线缝份，如图4-52（a）所示；再将领子翻到正面，要求领座领角弧线需翻到位，领子左右要对称，然后将领角烫成平止口。最后在距离翻领左、右装领点3cm间缉0.1cm的明线固定，起止位置不必倒回针，如图4-52（b）所示。

（a）修剪领座、领角、弧线、缝份

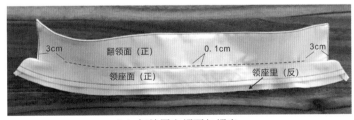

（b）机缝固定领面与领座

图4-52 修剪并翻烫领子

4.绱领

（1）缝合领座里与衣片。领座面在上，领座里与衣片正面相对，在衣片领口处将后中点、左右颈侧点对准领座里的后中点、左右颈侧点，并按照净样线缉0.8cm的缝份，如图4-53所示。要求绱领的起止点必须与衣片的门、里襟上口对齐，领口弧线不可抽紧起皱。

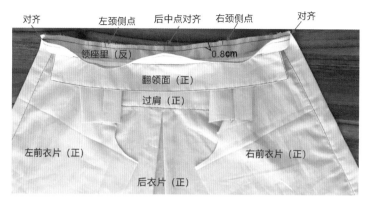

图 4-53 缝合领座里与衣片

（2）缉领子明线。将领座面盖住领座里缝线，先疏缝固定领座面和衣片，然后接着翻领、领座的缝合明线的一侧连续缉缝 0.1cm 至领座面的领下口线到另一侧为止，如图 4-54 所示。要求两侧接线处缝线不双轨，领座里处的领下口缝线不超过 0.3cm。

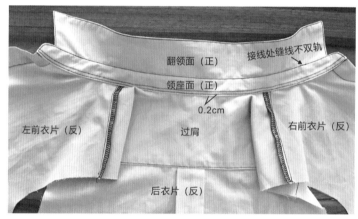

图 4-54 缉领子明线

（五）袖子缝制工艺

1. 做袖衩

① 用闷缝的方法来做袖衩布。将袖衩布一边的布边按照扣烫板扣烫光，并折烫成双层，下层比上层宽 0.1cm 并熨烫，如图 4-55 所示。

图 4-55 做袖衩布

② 袖片开衩位置开剪口，如图 4-56 所示。

③ 将开口的两侧拉平，袖衩布夹住袖片开口处，用手缝针疏缝暂时固定住，如图 4-57 所示。

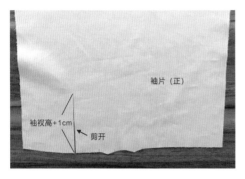

图 4-56 剪袖衩

图 4-57 疏缝袖衩

④ 从袖片正面缉缝袖衩布 0.1cm，如图 4-58 所示。要求袖衩转角处拉平、无毛边漏出。

⑤ 袖开口恢复原状，在袖片反面，将袖衩布上下对齐，在转折处回针缉缝三角固定，如图 4-59 所示。

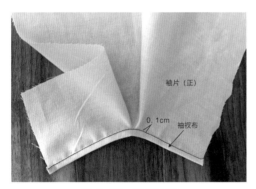

图 4-58 缉缝袖衩

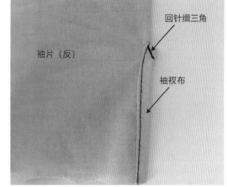

图 4-59 固定袖衩

⑥ 翻至正面，叠合熨烫平整，如图 4-60 所示。

⑦ 袖口收褶裥。疏缝暂时固定两个褶裥，褶裥倒向袖侧缝，然后缉 0.5cm 缝份，如图 4-61 所示。

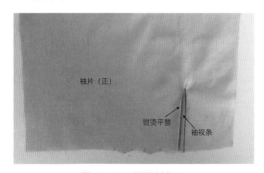

图 4-60 熨烫袖衩

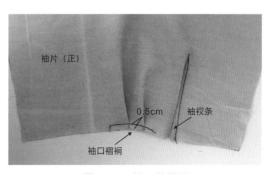

图 4-61 袖口收褶裥

2. 绱袖

（1）长针距车缝袖山线。在袖片反面，将针距放长，距离袖山线 0.7cm 车缝，要求距离袖底点 6~7cm 不缝，如图 4-62 所示。

（2）抽缩袖山吃势。将袖山的一根缝线稍抽紧，并把袖山整理成窝状，袖山高点对准衣片的肩点，使抽缩后的袖山线与衣片的袖窿线等长，如图 4-63 所示。

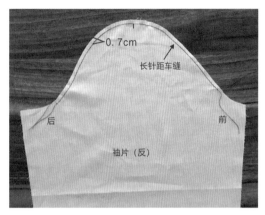

图 4-62　长针距车缝袖山线

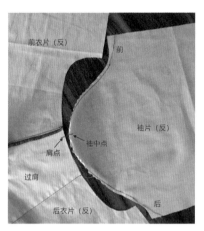

图 4-63　抽缩袖山吃势

（3）绱袖子。袖中点与衣片的肩点对准、袖底点与衣片的袖窿底点对齐，再对齐衣片的袖窿线和袖片的袖山线，先疏缝暂时固定，然后缉 1cm 缝份，起止位置缝倒回针，最后拆除疏缝线，如图 4-64 所示。

（4）锁边。将衣片放在上层，用锁边机锁缝袖窿缝合线，如图 4-65 所示。

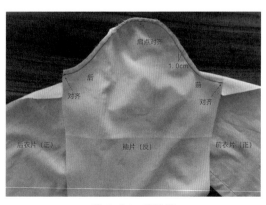

图 4-64　绱袖子

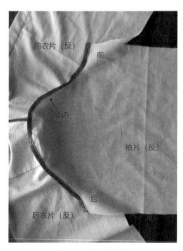

图 4-65　锁边

（六）缝合袖底缝和侧缝

将袖底缝和前衣片、后衣片的侧缝对齐，袖窿底点对准，先疏缝暂时固定侧缝和袖底缝，然后从衣底边处开始连续机缝衣片的侧缝和袖底缝，缝份1cm，注意袖山的缝份倒向袖子一侧，最后将前衣片反面向上，锁缝衣片侧缝和袖底缝，将缝份倒向后片熨烫，如图4-66所示。

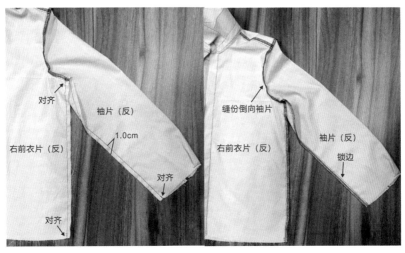

图4-66　缝合袖底缝和侧缝

（七）袖克夫缝制工艺

1. 做袖克夫

① 扣烫袖克夫。将袖克夫的反面向上，袖克夫面上口向内扣烫1.0cm缝份，如图4-67（a）所示；然后沿袖克夫中线对折熨烫，如图4-67（b）所示。

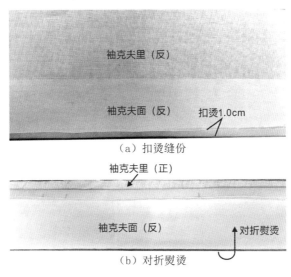

（a）扣烫缝份

（b）对折熨烫

图4-67　扣烫袖克夫

② 缉袖克夫面、里两侧缝份，缝份 1cm，起止位置缝倒回针，如图 4-68 所示。

③ 修剪、整理、熨烫。修剪缝份，折角处缝份留 0.3cm，其余缝份留 0.6cm，如图 4-69（a）所示；然后将袖克夫翻到正面，整理成形后，烫出里外匀，如图 4-69（b）所示。

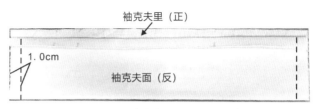

图 4-68 缉缝袖克夫面、里两侧缝份

（a）修剪袖克夫缝份

2. 绱袖克夫

① 将袖克夫里疏缝到袖口，两端对齐，然后缉 1cm 缝份，起止位置缝倒回针，如图 4-70 所示。

（b）熨烫袖克夫

图 4-69 修剪、整理、熨烫

② 将袖克夫面盖住袖克夫里和袖口缝份，先疏缝暂时固定袖克夫面和袖克夫里，然后沿边缉 0.1cm 明线，如图 4-71 所示。

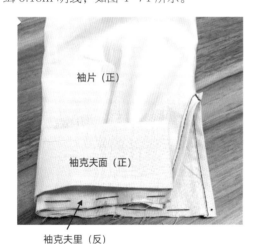

图 4-70 固定袖克夫里和袖口

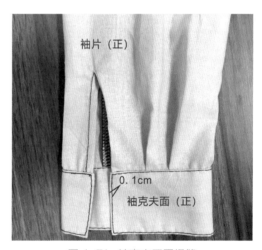

图 4-71 袖克夫四周缉缝

（八）衬衫下摆缝制工艺

先检查衣片门襟、里襟长度是否一致；然后将衬衫底边折光，第一次折 1cm，第二次折 1.5cm；再疏缝暂时固定下摆，然后沿第一次折边缉 0.1cm 明线固定，如图 4-72 所示。

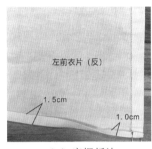 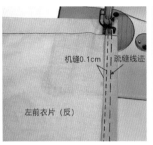 

（a）底摆折边 　　　　（b）缉0.1cm明线 　　　　（c）拆除疏缝线后的成品图

图4-72　缝制底边

（九）锁眼钉扣缝制工艺

1. 袖克夫锁眼、钉扣

在袖克夫上锁一个扣眼，并在相应位置钉一粒纽扣，如图4-73所示。

2. 门襟、里襟锁眼、钉扣

在门襟上锁6个扣眼，并在相应位置钉6粒纽扣，如图4-74所示。

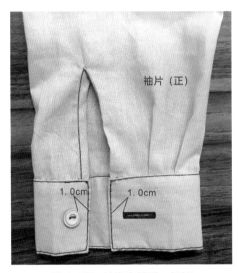 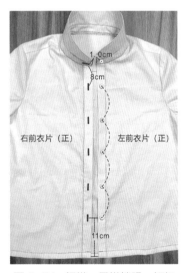

图4-73　袖克夫锁眼、钉扣 　　　　图4-74　门襟、里襟锁眼、钉扣

（十）衬衫整烫工艺

整烫前，先将衬衫的线头、划粉印记、污渍等清理干净。翻领女衬衫整烫的工艺流程为：烫衣领→烫袖子→烫衣身→烫底摆→烫肩缝→烫侧缝。在熨烫时，熨斗需直上直下进行熨烫，避免衬衫变形，衣领、袖衩、底摆部位需烫实、烫平，衣身表面无折皱，正面熨烫时需加盖烫布，防止烫黄、变色和产生"极光"。图4-75为翻领女衬衫成品展示。

（a）正面图

（b）侧面图

（c）背面图

图 4-75　翻领女衬衫成品展示

四、女衬衫质检要求

根据《最新国家服装质量监督检验检测工作技术标准实施手册》部分摘录。

（一）女衬衫外形检验

① 门襟平挺，左右两边底摆外形一致，无搅豁。

② 胸部挺满，省缝顺直，高低一致，省尖无泡形。

③ 不爬领、荡领，翘势应准确。

④ 前领丝绺正直，领面松紧适宜，左右两边丝绺需一致，领平服自然。

⑤ 两袖垂直，前后一致，长短相同，左右袖口大小一致，袖口宽窄左右相同。

⑥ 袖窿圆顺，吃势均匀，前后无吊紧曲皱。

⑦ 袖克夫平服，不拧不皱。

⑧ 肩头宽窄、左右一致，肩头平服，肩缝顺直，吃势均匀。

⑨ 背部平服，背缝挺直，左右格条或丝绺需对齐。

⑩ 摆缝顺直平服，松紧适宜。

⑪ 底摆平服顺直，卷边宽窄一致。

（二）女衬衫缝制检验

① 面料丝绺和倒顺毛原料一致，图案花型配合相适宜。

② 面料与黏合衬黏合不应脱胶、不渗胶、不引起面料变色、不引起面料皱缩。

③ 钉扣平挺，结实牢固，不外露。纽扣与扣眼位置大小配合相适宜。

④ 机缝牢固、平整、宽窄适宜。

⑤ 各部位线路清晰、顺直，针迹密度一致。

⑥ 针迹密度：明线不少于14针/3cm，暗线不少于13针/3cm，手缭针不少于7针/3cm，锁眼不少于8针/1cm。

（三）女衬衫规格检验

① 衣长（后身长）：由后身中央装领线量至底摆，误差±1.0cm。

② 前身长：由前身装领线与肩缝交叉点，经胸部最高点量至底摆，误差±1.0cm。

③ 肩宽：由左肩端点沿后身量至右肩端点，误差±1.0cm。

④ 全胸围：扣好纽扣，前后身摊平，沿袖窿底缝横量（周围计算），误差±2.0cm。

⑤ 袖长：由肩端点沿袖外侧量至袖口边，误差±1.0cm。

⑥ 袖口围：沿袖口边缘围量一周，误差±1.0cm。

（四）女衬衫对条对格检验

① 左右前身：条料对条、格料对横，互差不大于0.3cm。

② 袖与前身：袖肘线以上与前身格料对横，两袖互差不大于0.5cm。

③ 袖缝：袖肘线以下前后袖窿格料对横，互差不大于0.3cm。

④ 背缝：条料对条、格料对横，互差不大于0.2cm。

⑤ 背缝与后颈面：条料对条，互差不大于0.2cm。

⑥ 领：领尖左右对称，互差不大于0.2cm。

⑦ 侧缝：袖窿下10cm处，格料对横，互差不大于0.3cm。

⑧ 袖：条格顺直，以袖山为准，两袖互差不大于0.5cm。

（五）女衬衫对称部位检验

① 领尖大小：极限互差为0.3cm。

② 袖（左右、长短、大小）：极限互差为0.5cm。

第三节　女士长裤缝制工艺

自裤子的起源开始，在相当长的时间里裤子一直只是男性穿着，所以在历史上裤子曾是专指男性的下装。在长期的历史演变过程中女性开始逐渐对裤子有所接受，特别是第二次世界大战时期，大量女性加入了社会活动，并且有相当一部分女性承担起了原本只有男性才从事的社会工作，女性劳动性质和工作方式的改变使得服装具有了新的功效。

社会的变革强烈地推动了服装的改良，服装适应社会就成为必然的潮流。随着女性的社会活动增多，裤子确实能给女性的行动、工作等带来很大的便利。女裤最初出现时是较宽松的西裤，后来女裤的造型也在不断地变化，时装性越来越强，女裤的风格也趋于多样化，今天裤子已经成为女性最重要的服装款式之一。

裤子种类繁多，结构变化多样。按其形态可分为灯笼裤、马裤、喇叭裤、直筒裤、锥裤、健美裤、裙裤、多袋裤等。本节主要讲解女士合体小脚裤，其可作为日常穿着或职场穿着。

一、女士长裤设计

设计女士长裤时需要注意其款式特点。

（一）款式设计

1. 平面款式图

图 4-76 为该款女士长裤的平面款式图。

2. 款式说明

该款女士长裤外形为合体小脚裤，绱直型腰头。前裤片有斜插袋两个，后裤片左右各有一个双嵌线口袋、各收一个斜腰省，前片绱门襟拉链。

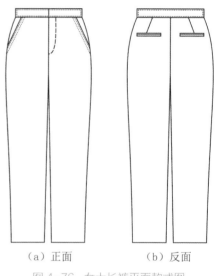

（a）正面　　　　　（b）反面

图 4-76　女士长裤平面款式图

（二）纸样设计

1. 量身

制作女士长裤时，需要测量人体腰围（W）、臀围（H）、股上长这三个净尺寸，裤长根据款式来确定。本节中以中号 M（160/68A）为参考尺寸，腰围净尺寸为68cm，臀围净尺寸为90cm。

2. 尺寸规格

根据款式设计腰围的放松量为2cm，臀围的放松量为4cm，具体各部位尺寸规格见表4-3。

表 4-3　女士长裤的尺寸规格设计

单位：cm

腰围（W）	臀围（H）	裤长	股上长	腰头宽	裤口宽
70	94	95	26	4	16.5

3. 结构制图

图 4-77 和图 4-78 分别为该款女士长裤平面结构图和其他部件结构图。

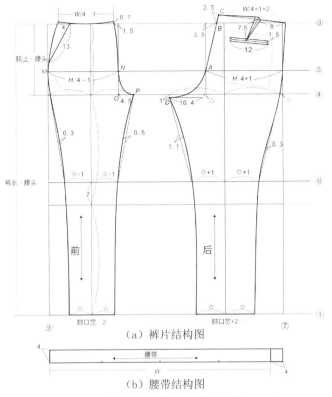

（a）裤片结构图

（b）腰带结构图

图 4-77 女士长裤平面结构图（单位：cm）

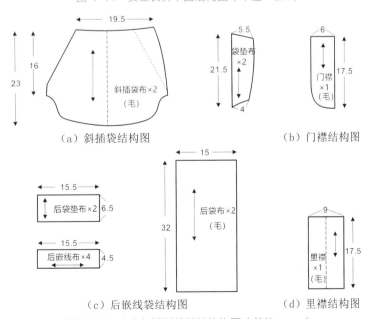

（a）斜插袋结构图　　　　　　　　（b）门襟结构图

（c）后嵌线袋结构图　　　　　　　（d）里襟结构图

图 4-78 女士长裤其他部件结构图（单位：cm）

前裤片制图步骤如下。

（1）画基础线。在画纸下方画一条水平线①。

（2）画脚口线。在基础线的左端画一条垂直线②即可。

（3）画腰线。自脚口线向腰头方向平行量至裤长止（减腰头宽）画水平线③即可。前片腰围线 $=W/4-1\text{cm}+2.5\text{cm}$（省份）$=19\text{cm}$。

（4）画横裆线。自腰头线平行向脚口方向平行量至股上尺寸（立裆）减腰头止画水平线④。

（5）确定臀围线。自横裆线④至腰头线③的 1/3 处画直线⑤，前片臀围线 $MN=H/4-1\text{cm}=22.5\text{cm}$。

（6）确定小裆宽。以 N 点为基点画垂线交于 O 点，小裆宽即 $OP=H/20-0.5\text{cm}=4.2\text{cm}$，小裆宽也可以设计为定数 4.5cm。

（7）画中裆线。自脚口线至横裆线④的 1/2 处上移 7cm 画直线⑥即可确定中裆线。

（8）画烫迹线。在前片横裆线中点画垂直线即烫迹线。

（9）确定前脚口宽、中裆线宽。以烫迹线为中点，在脚口线标注前脚口宽 = 脚口宽 $-2\text{cm}=14.5\text{cm}$；以烫迹线为中点，在中裆线标注前中裆线宽 = 前脚口宽 $+2\text{cm}=16.5\text{cm}$。

（10）确定插袋位置。自腰线距离侧缝线 4cm 处，量 13cm 与侧缝线相交为袋口位。

（11）完成前片。利用辅助点线完成前片结构制图。

后裤片制图步骤如下。

（1）确定后臀围线。在基础线①的右端画一条垂直线⑦，在臀围线⑤上量后片臀围 $=H/4+1\text{cm}=24.5\text{cm}$。

（2）画落裆线。自原横裆线④平行下落 1cm 画直线即落裆线。

（3）画大裆宽。在落裆线上画出大裆宽 $=H/10+1\text{cm}=10.4\text{cm}$。

（4）画烫迹线。在后片横裆线中点画垂直线即烫迹线。

（5）确定后脚口宽、中裆线宽。以烫迹线为中点，在脚口线标注后脚口宽 = 脚口宽 $+2\text{cm}=18.5\text{cm}$；以烫迹线为中点，在中裆线标注后中裆线宽 = 后脚口宽 $+2\text{cm}=20.5\text{cm}$。

（6）画后浪线。以臀围点 A 为基点画直线交于腰线③，交点 B 上移 2.5cm 定于 C 点，然后连接臀围点 A 和大裆弯 D 点，最后画顺后浪线 CAD。

（7）确定后裤片腰围线。后裤片腰围线 $=W/4+1\text{cm}+2\text{cm}$（省份）$=20.5\text{cm}$。

（8）省道。后片设计一个后斜省，离侧缝线 9cm 处确定省的位置，省道长约 7.5cm。

（9）确定后嵌线袋位置。后嵌线袋长 12cm，宽 1.5cm，袋口与腰围线平行。

（10）完成后片。以各辅助点线为基础完成整片的绘制。

（11）画腰带。腰头宽 $=4\text{cm}$，长 = 腰围 $+4\text{cm}$。

（12）口袋及其他配件。如图 4-76 进行绘制。

4. 女士长裤工业样板制作

女士长裤裤口边放缝份3cm，其余放缝份1cm，如图4-79所示。

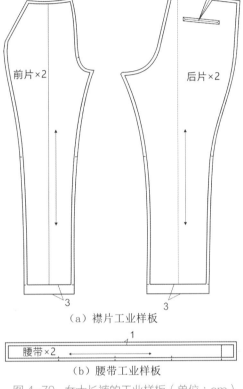

（a）襟片工业样板

（b）腰带工业样板

图4-79 女士长裤的工业样板（单位：cm）

二、女士长裤面料裁剪

（一）材料

女士长裤的制作材料主要包括面料和辅料，如图4-80所示。

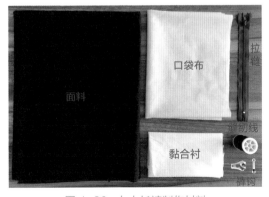

图4-80 女士长裤制作材料

1. 面料

女士长裤面料可选用毛料、毛涤混纺面料、棉或者化纤面料，本款采用黑色全棉面料，尺寸为150cm×100cm；口袋布选用全棉面料，尺寸为46cm×32cm。

2. 辅料

女士长裤的辅料包括：无纺布黏合衬，适量；拉链1条，长20cm；裤钩1对；缝纫线1卷。

（二）裁剪

1. 整布

在进行裁剪前，需要对面料进行整烫预缩。

2. 排料

黑色全棉面料门幅150cm，经过排料，用料97cm，如图4-81所示。

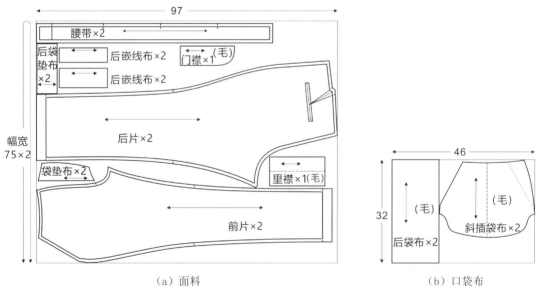

（a）面料　　　　　　（b）口袋布

图4-81　女士长裤排料（单位：cm）

3. 裁剪

排料完成之后，用划粉按照女士长裤工业样板外轮廓进行描边，然后沿着划粉的描边线用裁缝剪将裁片剪下，注意裁剪时裁片边缘要光滑，不能出现毛边或锯齿形。女士长裤裁片有前裤片2片，后裤片2片，腰带2片，门襟1片，里襟1片，上嵌线2片，下嵌线2片，袋垫布2片，后袋垫布2片，斜插袋布2片，后袋布2片，如图4-82所示。

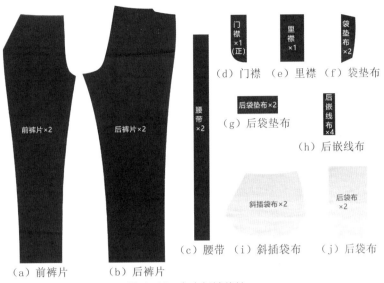

（a）前裤片　　（b）后裤片

图 4-82　女士长裤裁片

4. 做记号

在前裤片（拉链止口、中裆线和裤口折边位置）、后裤片（省道、双嵌线口袋位置、中裆线和裤口折边位置）、腰头位置、斜插袋袋口位置用划粉做记号或打线丁，如图 4-83 所示。

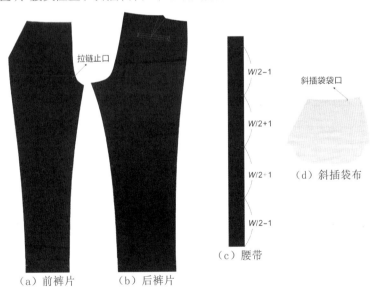

（a）前裤片　　（b）后裤片

图 4-83　女士长裤做记号（单位：cm）

三、女士长裤缝制工艺步骤

女士长裤缝制的工艺流程为：制作前裤片斜插袋→装斜插袋→制作双嵌线后袋→缝合侧缝→缝合下裆缝→缝合前、后裆缝→绱前门襟拉链→裤腰缝制→缲裤脚口折边→钉裤钩→整烫。具体制作过程如下。

（一）裁片烫衬、锁边

1. 烫衬

烫衬部位有：门襟、里襟、前裤片袋口、口袋嵌线反面烫无纺黏合衬，腰带面反面烫腰衬（有纺黏合衬），后裤片袋口收完斜腰省后再烫衬，如图4-84所示。

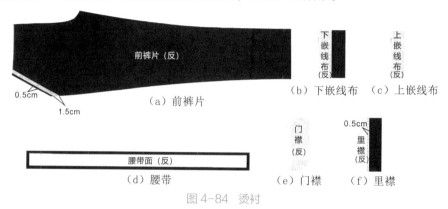

图 4-84　烫衬

2. 锁边

锁边部位有：左前裤片除了腰口和装门襟位置不锁边，其余缝份都锁边，右前裤片和后裤片的侧缝、裆弯线、下裆缝和裤口锁边，门襟锁边，里襟对折锁边，斜插袋袋垫布锁边，后袋垫布锁边，如图4-85所示。

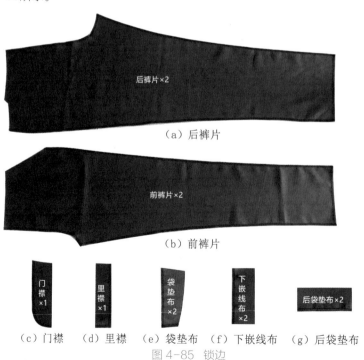

图 4-85　锁边

（二）斜插袋缝制工艺

1. 做斜插袋

（1）机缝袋垫布。将袋垫布正面朝上，放置在斜插袋布的正面，对准标记，然后沿袋垫布锁边处先疏缝暂时固定，最后机缝固定，如图4-86所示。

（a）机缝过程图

（b）完成图

图4-86 机缝袋垫布

（2）来去缝兜袋底。首先将斜插袋布反面相对对折，沿袋底疏缝暂时固定，如图4-87（a）所示；然后缉0.5cm明线，起始位置倒回针，在距离侧缝1.5cm处倒回针，并在此处打剪口，如图4-87（b）、（c）所示；将口袋布翻转至反面朝上，在口袋底边缉0.8cm明线至剪口处，如图4-87（d）所示。

（a）疏缝袋底

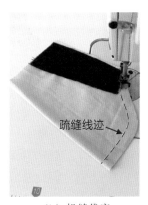
（b）机缝袋底

（c）打剪口

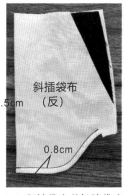
（d）翻转袋布并机缝袋底

图4-87 来去缝兜袋底

2. 绱斜插袋

（1）搭缝袋布。掀开袋垫布，将口袋布斜边正面与前裤片开袋处正面相对，先用手针疏缝固定，然后缉0.8cm明线，拆除疏缝线，如图4-88所示。

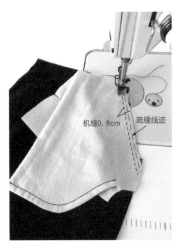
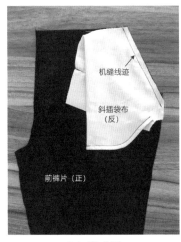

（a）机缝过程图　　　　　　　　　　（b）完成图

图4-88　搭缝袋布

（2）缉袋口明线。首先将口袋布掀开，如图4-89（a）所示；缝份朝向口袋布坐倒并缉0.1cm明线，如图4-89（b）所示；然后将口袋布倒向裤片反面，从裤片正面缉0.6cm明线，如图4-89（c）所示。

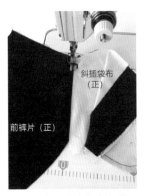

（a）对齐口袋布与斜插袋口　　　（b）机缝0.1cm明线　　　（c）机缝0.6cm明线

图4-89　缉口袋明线

（3）袋垫布与前裤片缝合。将袋垫布翻回正面，与裤片摆放平整，标记位置对齐，然后在距离裤腰0.5cm处机缝明线暂时固定，距离侧缝0.5cm处缝倒回针固定口袋与前裤片，如图4-90所示。

图4-90　固定口袋和前裤片

（三）后双嵌线挖袋缝制工艺

1. 后裤片收省

省道倒向裆弯处熨烫，如图4-91（a）、（b）所示；然后在裤片反面后袋位置烫黏合衬，如图4-91（c）所示。

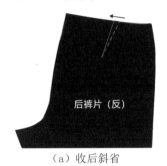

（a）收后斜省　　　　　　（b）后斜省倒向裆弯熨烫　　　　　（c）后袋位烫黏合衬

图4-91　后裤片收省

2. 开后袋

（1）烫嵌线布。将上嵌线布对折熨烫，如图4-92（a）所示；下嵌线布烫衬部位沿边向内扣烫1cm，如图4-92（b）所示。

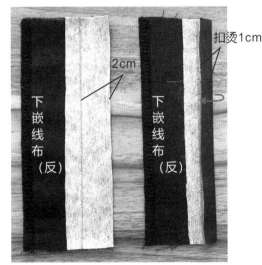

（a）对折熨烫上嵌线布　　　　　　（b）扣烫下嵌线布边沿

图4-92　烫嵌线布

（2）缝合嵌线布和裤片。如图4-93所示，首先在后裤片后袋位置打线丁做好标记，如图4-93（a）所示；然后将口袋布正面朝上放置在后裤片反面口袋相应位置，如图4-93（b）所示；将下嵌线布正面朝上放置在裤片正面口袋相应位置，沿嵌线布边缘先疏缝暂时固定下嵌线布、后裤片和口袋布，再缉0.5cm明线，长度为12cm，与袋口等长，起始位置倒回针，如图

4-93（c）～（e）所示；最后，掀开下嵌线布，将上嵌线布和后裤片正面相对放置在后袋相应位置，缝合方法同下嵌线布，如图4-93（f）～（i）所示。

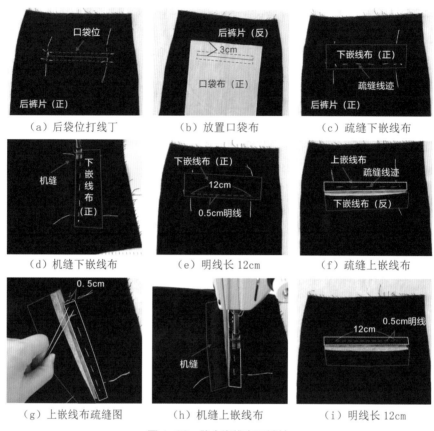

（a）后袋位打线丁 　　（b）放置口袋布 　　（c）疏缝下嵌线布

（d）机缝下嵌线布 　　（e）明线长12cm 　　（f）疏缝上嵌线布

（g）上嵌线布疏缝图 　　（h）机缝上嵌线布 　　（i）明线长12cm

图4-93　缝合嵌线布和裤片

（3）剪袋口。在袋口处剪"Y"形剪口。从反面在袋口线位置剪开口，袋口两端剪三角，剪至距离缉线端头0.1~0.2cm处，若剪过头，布面会破洞，反之未剪到止点，嵌线布会翻不过去，袋口两端会形成折皱，如图4-94所示。

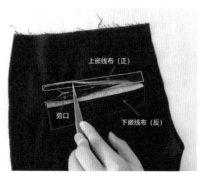

（a）正面

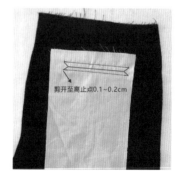

（b）反面

图4-94　剪袋口

（4）翻嵌线布。将嵌线布上下片往口袋内翻入裤片反面，沿袋口线翻折嵌条烫出上下各0.5cm的嵌条宽，要求不拧不豁，左右三角布也往内烫，如图4-95所示。

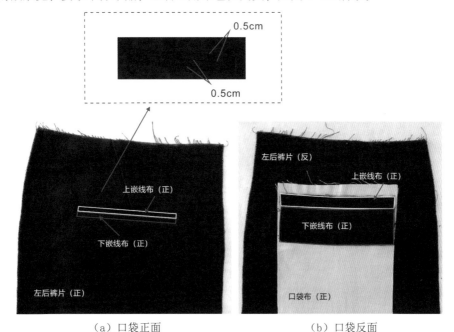

（a）口袋正面　　　　　　　　　　　（b）口袋反面

图4-95　翻嵌线布

（5）固定双嵌线袋口。从正面掀开裤片及袋布，将双嵌线口袋两端三角沿三角底边缉三道缝线，要求双嵌线正面两端无褶裥、无毛边，并封牢固，如图4-96所示。

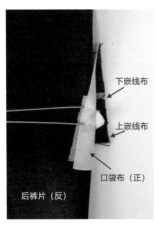

（a）掀开裤片与袋布　　　　（b）机缝固定三角　　　　　（c）完成图

图4-96　固定双嵌线袋口

（6）缝合下嵌线与口袋布。将下嵌线布与口袋布摊平，在下嵌线布锁边一侧缉1cm明线，固定下嵌线布和口袋布，如图4-97所示。

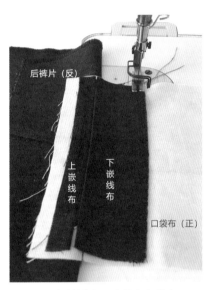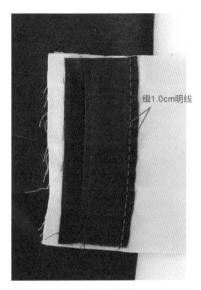

（a）机缝固定下嵌线布与袋布　　　　　（b）完成图

图 4-97　缝合下嵌线与口袋布

（7）固定袋垫布和口袋布。首先将口袋布正面对折，边缘与腰口处对齐；然后确定袋垫布在口袋布的位置，袋垫布的上口离双嵌线袋位向上0.5cm，用划粉标注，如图4-98（a）所示；最后将袋垫布正面朝上放置在口袋布标注位置，在袋垫布下口锁边处缉1cm明线，固定袋垫布和口袋布，如图4-98（b）所示。

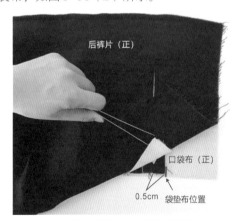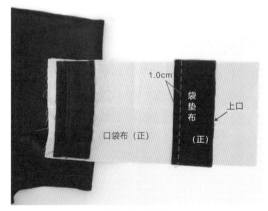

（a）确定袋垫布在口袋的位置　　　　　（b）机缝固定

图 4-98　固定袋垫布和口袋布

（8）封口袋布上口。掀开后裤片侧缝边缘，将口袋布、嵌线布与袋垫布正面相对，沿着双嵌线袋位缉1cm，起始位置缝倒回针，如图4-99（a）所示；然后掀开后裤片腰口，将口袋布、上嵌线布与袋垫布正面相对，沿着双嵌线袋位缉12cm，如图4-99（b）所示；最后掀开后裤片裆弯边缘，将口袋布、嵌线布与袋垫布正面相对，沿着双嵌线袋位缉1cm，止点位置缝倒回针，如图4-99（c）所示。

（a）起点位置倒回针

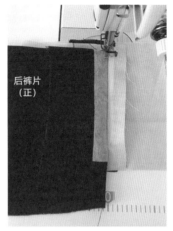

（b）口袋布上口机缝 12cm

（c）止点位置倒回针

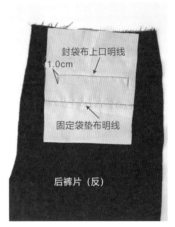

（d）完成图

图 4-99　封口袋布上口

（9）兜袋布。掀开裤片，修剪口袋布，沿裤子口袋的造型机缝袋布，缝份 1cm，然后袋布两侧锁边，如图 4-100 所示。

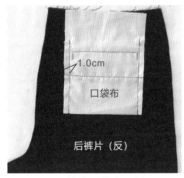

（a）缝合口袋布两侧

（b）口袋布两侧锁边

图 4-100　兜袋布

（四）侧缝及裤裆缝的缝制工艺

1. 缝合前后裤片侧缝

将前后裤片正面相对，使侧缝对齐，拉开斜插袋的口袋布，先用手缝针疏缝暂时固定，然后缉 1cm 缝份，起止位置缝倒回针，最后将侧缝烫分开缝，如图 4-101 所示。

（a）疏缝裤片侧缝　　　　（b）缉 1cm 缝份　　　　（c）侧缝烫分开缝

图 4-101　缝合前后裤片侧缝

2. 缝合裤裆缝

（1）缝合下裆缝。将前、后裤片正面相对，下裆缝对齐，先用手缝针疏缝暂时固定；然后缉 1cm 缝份，起止位置缝倒回针，要求两条下裆缝平直且不能出现长短差异；最后将下裆缝烫分开缝，如图 4-102 所示。

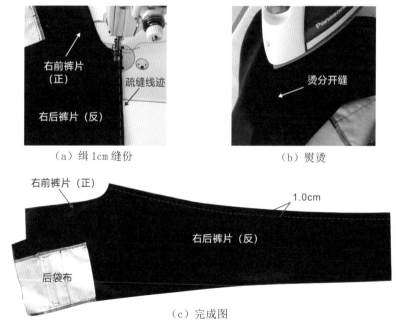

（a）缉 1cm 缝份　　　　　　　　　（b）熨烫

（c）完成图

图 4-102　缝合下裆缝

（2）缝合前、后裆缝。左、右裤片正面相对，裆底缝对齐，将前裆缝开口止点至后裆缝腰口处，先用手缝针疏缝暂时固定；然后缉1cm缝份，并将前、后裆缝烫分开缝，如图4-103所示。

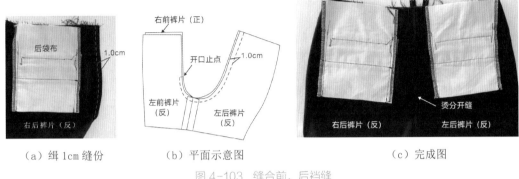

（a）缉 1cm 缝份 　　　（b）平面示意图 　　　（c）完成图

图 4-103　缝合前、后裆缝

（五）裤前门襟拉链缝制工艺

1. 缝合门襟与拉链

先将拉链反面朝上放置在门襟正面，具体摆放位置如图 4-104 所示，然后缉两道 0.3cm 明线，固定门襟与拉链。

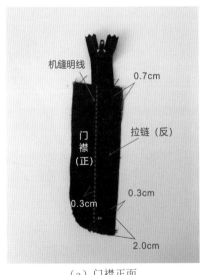 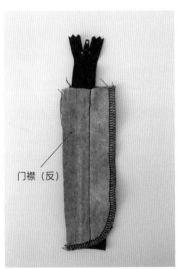

（a）门襟正面 　　　　　　　　　　（b）门襟反面

图 4-104　缝合门襟与拉链

2. 缝合里襟与拉链

先将门襟反面朝上放置在里襟正面，门襟和里襟上口对齐，具体摆放位置如图 4-105 所示，然后掀开门襟，在拉链上缉 0.5cm 明线，固定里襟与拉链。

（a）门襟朝上

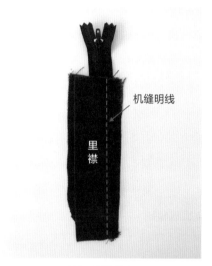

（b）里襟朝上

图4-105　缝合里襟与拉链

3. 缝合门襟与左裤片

（1）固定拉链与右前裤片。右前裤片缝份折转1cm，并扣压在拉链上，如图4-106（a）所示；然后缉0.2cm明线，缝线需一直延伸至拉链止口下，并藏在小裆缝份内侧，如图4-106（b）所示。

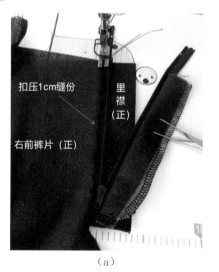

（a）

（b）

图4-106　固定拉链与右前裤片

（2）固定左前裤片与门襟。先将门襟与左前裤片正面相对，用手缝针疏缝暂时固定，然后缉0.8cm缝份，如图4-107（a）所示；将门襟掀开并熨烫，缝份倒向门襟，然后在门襟正面缉0.1cm明线，如图4-107（b）所示。

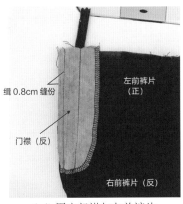

（a）固定门襟与左前裤片

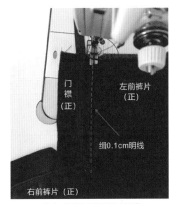

（b）门襟正面缉明线

图 4-107　固定左前裤片与门襟

（3）缉缝门襟明线。首先将门襟疏缝暂时固定；然后在左前裤片门襟位置放上门襟扣烫板进行机缝，机缝时将里襟展开防止一并缉缝住，起止位置缝倒回针，如图 4-108 所示。

（a）疏缝门襟

（b）机缝门襟

（c）门襟线迹图

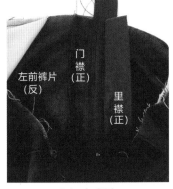

（d）完成图

图 4-108　缉缝门襟明线

（4）门襟正面封三角。合上拉链，将里襟翻开至右前裤片反面，在左前裤片正面门襟下口处封三角，缉两道明线，注意不要将里襟一并缉住，如图 4-109 所示。

（a）机针与压脚摆放位置图

（b）完成图

图4-109　门襟正面封三角

（5）回针固定门襟和里襟。里襟翻回，从裤片反面将里襟和门襟贴边回针固定，如图4-110所示。

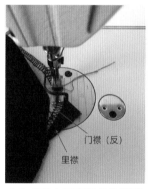

（a）机针与压脚摆放位置图

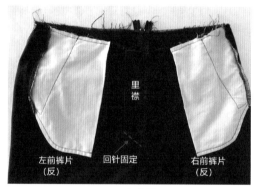

（b）完成图

图4-110　回针固定门襟和里襟

（六）裤腰缝制工艺

1. 做腰

（1）扣烫腰里。将腰里下口向反面扣烫1cm缝份，如图4-111所示。

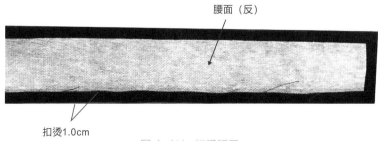

图4-111　扣烫腰里

（2）缝合腰面、腰里。将腰面和腰里正面相对，先从上口反面疏缝暂时固定，然后缉1cm缝份；将腰面和腰里展开，缝份倒向腰里，从腰里正面沿缝合线坐缉0.1cm明线，如图4-112所示。

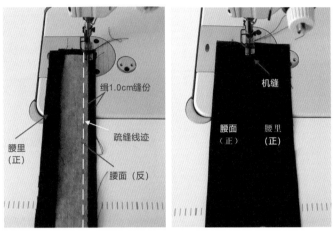

（a）缉1cm缝份　　　　　　（b）展开腰面与腰里并机缝

（c）完成图

图4-112　缝合腰面、腰里

2. 绱腰

（1）封腰头。将腰面和腰里正面相对，左右腰头止口反向折转并缝合，缝份1cm，起止位置缝倒回针，然后翻至正面，熨烫平整，如图4-113所示。

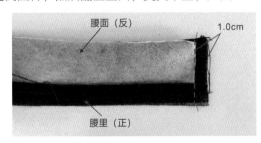

（a）缝合腰头止口

（b）完成图

图4-113　封腰头

（2）固定腰里与裤片。将腰里正面与右前裤片反面对齐，腰头与裤片里襟对齐，从里襟开始先用手缝针疏缝一圈暂时固定；然后绱1cm缝份固定，起止位置缝倒回针；最后将多余的拉链头剪掉，如图4-114所示。

（3）固定腰面。从门襟方向向里襟方向疏缝固定腰面，然后沿腰面绱0.1cm明线，如图4-115所示。

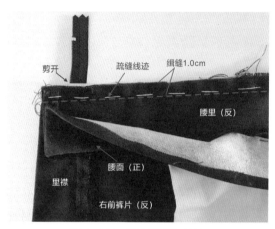

图4-114 固定腰里与裤片

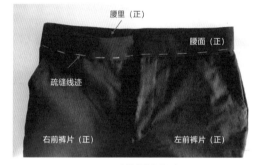

（a）疏缝固定腰头

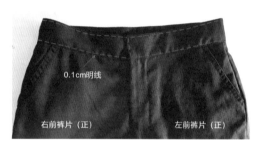

（b）腰面绱0.1cm明线

图4-115 固定腰面

（七）裤口贴边缝制工艺

将裤脚口贴边沿标记线折转3cm并熨烫，然后缝三角针固定裤口贴边，如图4-116所示。

（八）裤钩缝制工艺

如图4-117所示，在裤腰门襟腰头和里襟腰头对应处手缝固定一对裤钩，缝制工艺可参考裙钩缝制工艺。

（a）裤口缝三角针

（b）裤口正面图

图4-116 裤口贴边缝三角针

图4-117 裤钩缝制工艺

（九）裤子整烫工艺

整烫前，先将裤子的线头、划粉印记、污渍等清理干净。女士长裤整烫的工艺流程为：烫腰头→烫斜插袋→烫后斜省→烫后嵌线袋→烫裤脚口→烫侧缝。在熨烫时，熨斗需直上直下进行熨烫，避免裤片变形，裤脚口、后嵌线袋、斜插袋、腰带部位需烫实、烫平，裤身表面无折皱、后斜省平整，正面熨烫时需加盖烫布，防止烫黄、变色和产生"极光"。图 4-118 为女士长裤成品展示。

（a）正面图　　　　　　（b）侧面图　　　　　　（c）背面图

图 4-118　女士长裤成品展示

四、裤子质检要求

根据《最新国家服装质量监督检验检测工作技术标准实施手册》部分摘录。

（一）裤子外形检验

① 裤腰顺直平服，左右宽窄一致，缉线顺直，不吐止口。

② 串带部位准确、牢固、松紧适宜。

③ 前身褶裥及后省距离大小、左右相同，前后腰身大小、左右相同。

④ 门襟小裆封口平服牢固，缉线顺直清晰。

⑤ 门里襟长短一致，门襟表面平整。

⑥ 左右裤脚长短、大小一致，前后挺缝线丝绺正直；侧缝与下裆缝、中裆以下需对准。

⑦ 袋口平服，封口牢固，斜袋垫布需对格条。

⑧ 后袋部位准确，左右相同，嵌线宽窄一致；封口四角清晰，套结牢固。

⑨ 下裆缝顺直、无吊紧；后裆缝松紧一致，十字缝需对准。

（二）裤子缝制检验

① 面料丝绺和倒顺毛原料一致，图案花型配合相适宜。

② 面料与黏合衬黏合不应脱胶、不渗胶、不引起面料变色、不引起面料皱缩。

③ 钉扣平挺，结实牢固，不外露。纽扣与扣眼位置大小配合相适宜。

④ 机缝牢固、平整、宽窄适宜。

⑤ 各部位线路清晰、顺直，针迹密度一致。

⑥ 针迹密度：明线不少于14针/3cm，暗线不少于13针/3cm，手缲针不少于7针/3cm，锁眼不少于8针/1cm。

（三）裤子规格检验

① 裤长：由腰部上端沿侧缝量至脚口边，误差±1.5cm。

② 下裆长：由裆底十字缝交叉点沿下裆缝量至脚口边，误差±1.0cm。

③ 腰围：扣好裤钩（纽扣），沿腰宽中间横量（周围计算），误差±1.5cm。

④ 臀围：在臀部位置（由上而下，在上裆的2/3处），从左至右横量（周围计算），误差±2.5cm。

⑤ 裤脚口围：平放裤脚口，沿脚口从左至右横量（周围计算），误差±1.0cm。

（四）裤子对条对格检验

① 前后裆缝：条料对条、格料对横，互差不大于0.4cm。

② 袋盖与后身：条料对条、格料对横，互差不大于0.3cm。

（五）裤子对称部位检验

① 裤脚（大小、长短）：极限互差为0.5cm。

② 裤口大小：极限互差为0.5cm。

③ 口袋（大小、进出、高低）：极限互差为0.4cm。

思考与练习

1. 简述直筒裙的缝制工艺流程。

2. 简述翻领女衬衫的缝制工艺流程。

3. 简述女士长裤的缝制工艺流程。

4. 设计一款女裙并进行缝制。

5. 设计一款女衬衫并进行缝制。

6. 设计一款女裤并进行缝制。

参考文献

[1] 中屋典子，三吉满智子.服装造型学：技术篇 [M].孙兆全，刘美华，金鲜英译.北京：中国纺织出版社，2004.

[2] 水野佳子.缝纫基础的基础：从零开始的缝纫技巧 [M].金玲，韩慧英译.北京：化学工业出版社，2014.

[3] [英] 杰弗莉等.服装缝制图解大全 [M].潘波等译.北京：中国纺织出版社，1999.

[4] [美] 康妮·阿玛登·克兰福德.图解服装缝制手册 [A guide to fashion sewing][M].刘恒等译.北京：中国纺织出版社，2004.

[5] 李正，徐催春.服装学概论 [M].第 2 版.北京：中国纺织出版社，2014.

[6] 童敏.服装工艺：缝制入门与制作实例 [M].北京：中国纺织出版社，2015.

[7] 许涛，陈汉东.服装制作工艺：实训手册 [M].第 2 版.北京：中国纺织出版社，2013.

[8] 朱秀丽，鲍卫君，屠晔.服装制作工艺基础篇 [M].第 3 版.北京：中国纺织出版社，2016.

[9] 鲍卫君.服装制作工艺成衣篇 [M].第 3 版.北京：中国纺织出版社，2017.

[10] 胡茗.服装缝制工艺 [M].北京：中国纺织出版社，2015.

[11] 李文玲.服装缝制工艺 [M].北京：中国纺织出版社，2017.

[12] 朱小珊.服装工艺基础 [M].北京：高等教育出版社，2007.

[13] 郑淑玲.服装制作基础事典 [M].郑州：河南科学技术出版社，2013.

[14] 郑淑玲.服装制作基础事典 2[M].郑州：河南科学技术出版社，2016.

[15] 陈霞，张小良等.服装生产工艺与流程 [M].北京：中国纺织出版社，2011.

[16] 张文斌等.成衣工艺学 [M].第 3 版.北京：中国纺织出版社，2008.

[17] 闫学玲，吕经纬，于瑶.服装工艺 [M].北京：中国轻工业出版社，2011.

[18] 李正，李梦园，李婧，于竣舒.服装结构设计 [M].上海：东华大学出版社，2015.

[19] 李正，王巧，周鹤.服装工业制版 [M].第 2 版.上海：东华大学出版社，2015.

[20] 海伦·约瑟夫 - 阿姆斯特朗.美国时装样板设计与制作教程(上)[M].第 4 版.裴海索译.北京：中国纺织出版社，2010.

[21] 刘瑞璞. 服装纸样设计原理与技术：女装篇 [M]. 北京：中国纺织出版社，2005.

[22] 熊能. 世界经典服装设计与纸样：女装篇（上、下集）[M]. 南昌：江西美术出版社，2007.

[23] 燕平. 服饰图案设计 [M]. 上海：东华大学出版社，2014.

[24] 马丽媛. 装饰图案设计基础 [M]. 北京：人民邮电出版社，2016.

[25] [英] 克莱夫·哈利特，阿曼达·约翰斯顿. 高级服装设计与面料 [M]. 修订版. 衣卫京，钱欣译. 上海：东华大学出版社，2016.

[26] 杨晓旗，范福军. 新编服装材料学 [M]. 北京：中国纺织出版社，2012.

[27] 邢声远，郭凤芝. 服装面料与辅料手册 [M]. 北京：化学工业出版社，2007.

[28] 白燕，吴湘济. 服装面辅料及选用 [M]. 北京：化学工业出版社，2016.

[29] 中华人民共和国国家标准服装术语：GB/T 15557—2008. 北京：中国标准出版社，2008.

[30] 刘元风. 服装艺术设计 [M]. 北京：中国纺织出版社，2006.

[31] 许星. 服饰配件艺术 [M]. 第 3 版. 北京：中国纺织出版社，2010.

[32] 王受之. 世界时装史 [M]. 北京：中国青年出版社，2002.